储层空间案例推理模型与油气储层综合评价

陈建华　王卫红　李君文　著

科学出版社

北　京

内 容 简 介

本书将计算机信息处理技术、地理信息技术、人工智能技术与油气储层综合评价相结合，系统阐述了智能化的油气储层综合评价方法，内容包括：储层空间案例推理模型、储层 BP 人工神经网络方法、地质经验法等。详细阐述了相关模型或方法的原理、技术流程、实验过程、对比分析结果等。

本书可供从事油气储层综合评价、地理信息科学、人工智能、信息处理技术相关的研究与工程人员参考，也可作为地理信息科学和石油地质等相关专业研究生和高年级本科生的专业参考书。

图书在版编目（CIP）数据

储层空间案例推理模型与油气储层综合评价 / 陈建华，王卫红，李君文著. —北京：科学出版社，2018.8

ISBN 978-7-03-058457-1

Ⅰ. ①储… Ⅱ. ①陈… ②王… ③李… Ⅲ. ①储集层－案例②储集层－综合评价 Ⅳ. ① P618.130.2

中国版本图书馆CIP数据核字（2018）第177429号

责任编辑：韦 沁 韩 鹏 / 责任校对：张小霞

责任印制：张 伟 / 封面设计：北京东方人华科技有限公司

科学出版社出版

北京东黄城根北街 16 号

邮政编码：100717

http://www.sciencep.com

北京建宏印刷有限公司 印刷

科学出版社发行 各地新华书店经销

*

2018年8月第 一 版 开本：720 × 1000 1/16

2019年3月第二次印刷 印张：6 3/4

字数：136 000

定价：89.00元

（如有印装质量问题，我社负责调换）

前　　言

随着计算机信息处理技术、地理信息技术、人工智能技术等的快速发展，多学科、多技术交叉、融合研究与应用已成为一种新的发展趋势。储层综合评价作为油气地质学的重要研究内容，如何通过多学科、多技术融合研究，突破传统储层综合评价思路，建立简单、快速、有效、智能化的储层综合评价方法，从而降低储层评价成本，提高储层评价的效率和精度，显得极具科学意义和应用价值。

本书是作者在国家自然科学基金项目（面向油气储层综合评价的空间案例推理模型与方法，编号：41101366）的资助下系统开展储层空间案例推理模型与方法的研究成果。其中，提出了一种面向油气储层综合评价的空间案例推理模型（已申获国家发明专利，专利号：ZL201510098626.5），开发了储层综合评价系统，开展了实验，与BP人工神经网络方法和传统储层综合评价方法中的地质经验法进行了对比。

本书共分7章，第1章为绪论，包括本书研究的目的及意义、国内外相关研究现状、本书的主要研究内容等；第2章是研究区数据采集与处理的相关简述，包括研究区选择依据、钻井数据采集与矢量化、评价参数空间插值、栅格化与矢量化等；第3章详细阐述了储层空间案例推理模型的原理、技术流程与实验过程；第4章详细阐述了BP人工神经网络的原理、储层评价技术流程与实验过程；第5章对储层空间案例推理模型与BP人工神经网络方法实验的结果进行了分析；第6章阐述了储层空间案例推理模型、BP人工神经网络方法、地质经验法三者的对比验证与分析，以及对研究区的储层评价成图；第7章对全书研究工作做了总结。附录概述了储层综合评价系统的设计思路和实现要点。

随书提供有储层综合评价系统完整的源代码、可执行程序、实验数据等，可供读者学习和研究使用。

感谢成都理工大学沉积地质研究院张锦泉教授、林小兵博士，成都理工大学能源学院张银德博士在本书研究工作开展期间给予的热心指导和帮助。

水平所限，书中疏漏之处敬请批评、指正（E-mail：chjh3@163.com）。

著　者

2018 年 1 月

目　　录

第1章　绪　　论

1.1　研究目的及意义

石油、天然气是国民经济的命脉，对于一个国家经济的发展、综合国力的提高具有举足轻重的重要影响。随着社会的发展，人们对石油、天然气的需求越来越大，与此同时石油、天然气资源却越来越紧缺，为确保石油、天然气的长期供给，一方面需要对老油田进一步挖潜，另一方面需要积极寻找新的勘探领域；而油气储层综合评价是查明油气资源分布规律的关键途径。储层是油气聚集的场所，是油气资源评价研究的重要内容，是油气勘探的主要研究对象。对于储层的储集性能的评价，主要是对区域储集物性的好坏进行评价，从而划分评价等级。在进行开发部署或调整之前清楚地认识储层是十分必要的。

传统的油气储层综合评价主要建立在油气地质工作者独立评价的基础上，领域工作者利用本行业获得的信息并使用各种统计方法，依靠研究人员的经验和理解，把不同类型的图件叠合起来进行研究。该类方法评价效果的好坏较多的依赖领域研究人员的经验和知识水平。

随着油气田勘探、开发的推进，传统的油气储层综合评价方法在某种程度上已不能适应其迅速发展的需要，迫切需要新技术和新方法来提高其评价的准确性和科学性。地理信息系统（Geographical Information Systems，GIS）的出现为油气储层综合评价提供了新的技术手段。GIS之所以能够用来进行油气储层综合评价是由油气地质信息的特点和GIS在处理空间信息方面的特长所决定的。GIS可以将储层评价需要的各种地质或非地质因素的多学科信息输入计算机，形成一体化的地质空间数据库，节省大量重复的工作，并使各类不同的信息互相配合应用，使大量累积的与储层相关的图形信息和属性信息得以充分的利用，有助于石油信息的共享。与传统方法相比，其优点不仅在于能够整合各种地学空间数据和其他相关属性信息，更重要的是利用GIS

的空间分析模型与储层评价模型集成解决油气储层评价问题，实现储层评价模型的科学性和完备性，拓宽了储层评价的深度和广度，增强了结果的可信度。同时，通过 GIS 与储层评价模块的集成，不仅扩展了 GIS 的空间分析功能，而且集油气储层评价的数据输入、管理、处理、分析及可视化表达于一体，实现了储层 GIS 由数据支持向信息支持和决策支持的发展，使油田的管理决策者从经验性决策转为智能化决策（施冬等，2004；刘学锋，2004）。

目前，结合 GIS 的油气储层综合评价方法主要有：GIS 辅助下的传统油气储层综合评价方法和 GIS 与储层评价数学模型集成的评价方法。前者将领域专家手工方式处理、生成的沉积相分布图、有效厚度等值线图、孔隙度等值线图、渗透率等值线图、产能等值线图等经二次加工（矢量化、配准等）存入空间数据库，然后由领域专家在 GIS 软件中基于领域知识和经验并通过各单参数间的叠加综合分析绘制出储层综合评价图。该方法以通用 GIS 软件平台为基础，其专业化和智能化水平还不高。GIS 与储层评价数学模型集成的评价方法构建于模糊数学（郭少斌等，1994；邓万友，2008；Taheri，2008；Schrader *et al.*，2009；Zoveidavianpoor *et al.*，2013）、灰色聚类（王瑞飞等，2003；宋子齐等，2007；Gonzalez *et al.*，2008）、神经网络（刘世翔，2008；Ahmadi *et al.*，2008；郄瑞卿等，2009；Elshafei and Hamada，2009；Wang *et al.*，2013）、灰色多元关联分析（施冬等，2004，2009；Naseri *et al.*，2014）、粗糙集（Liu *et al.*，2006；Wu *et al.*，2008）、支持向量机（Ahmadi，2015）、地统计（Tamaki *et al.*，2016）等数学方法的基础之上，将储层评价数学模型与 GIS 集成，在 GIS 环境中将各种储层评价参数数据进行叠加分析，并以参数的属性值为输入项，采用所选储层评价数学模型进行油气储层综合评价，并最终生成储层综合评价分类图。该方法的核心是储层评价数学模型。由于 GIS 与储层评价数学模型集成的评价方法不仅扩展了 GIS 的空间分析功能，而且集油气储层评价的数据输入、管理、处理、分析及可视化表达于一体，并且具有提高储层评价效率，增加评价结果的定量化，增强分析结果的表现力等特点，在油气储层综合评价中已得到逐步推广和应用。

然而，从领域研究情况及当前能够获取的文献看，基于 GIS 的储层评价数学模型方法通常是在对储层评价参数进行图层叠加分析的基础上，采用储层评价参数的属性值进行储层综合评价。在储层综合评价数学模型计算时较少考虑评价参数之间及内部的空间关系。加之油气储层影响参数众多，其储集性能与各参数之间的关系往往是复杂的、非线性的，同时各参数之间也存在或强或弱的相关性；另外，从地质学分析得到的数据往往具有不精确性和随机性，故而储层评价精确数学模型的建立具有一定的挑战性。

鉴于储层地质现象的复杂性、模糊性、不确定性和非线性特征，有必要尝试研究新的油气储层综合评价模型与方法。

案例推理（Case-Based Reasoning，CBR；Schank and Abelson，1977；Watson and Marir，1994；Holt and Benwell，1999）是人工智能的一个分支，其研究始于Schank及其他研究者在20世纪80年代的工作，目前已广泛应用于分类、预测、控制、监测、规划、设计、诊断、在线技术支持等方面，涉及工业制造、企业管理、交通运输、金融、司法、医学、地学、环境、气象等领域。当前，案例推理在国际上已得到广泛的研究与应用，国际案例推理大会至2017年6月已召开25届（大会常设网站：www.iccbr.org）；研究者与研究工作尤以欧洲和美国最具代表性。案例推理基本思想可简述为：针对新问题（待求解案例），在历史案例库中搜索与之匹配的相似案例，并重用相似案例，将其结果赋予新问题（待求案例得解）；如果待求案例获取的结果值不合理，依据领域知识对其进行修订，从而使该待求案例最终得解。进一步，将直接得解或修订得解的典型案例加入案例库中，以扩充案例库。案例推理无需精确领域模型，而通过历史案例知识，来推求新案例问题的解；其应用基于两个基本的假设：一是客观世界是有规律的，相似的问题具有相似的解，二是相似的问题有可能再次发生。案例推理基于相似性原理寻找新问题的解决策略，提供了一种与人类解决问题很相似的方法，便于抽取和存储专家知识。从方法论的角度看，它提出了一种面向问题的综合分析方法，具有比基于规则的推理和基于模型的推理有更广泛的适应性，对于模糊性、不确定性问题的求解具有显著的优势；被认为特别适合于那些专业知识难以被概括、抽象和表达的领域。案例推理无须细究机理即可实现定量分析和预测，并且，它具有简化知识获取、提高求解效率、改善求解质量、增进知识积累等优点（吴泉源和刘江宁，1995）。另外，案例的推理和识别过程自动化程度较高，可重用性强，在先验知识较为缺乏，或者构建定量模型难度较大的复杂问题中，案例推理是一种比较有效的方法（钱峻屏等，2007）。

在实际生产实践中有经验的领域专家在进行储层综合评价时往往根据以往类似问题评价的经验和结果来求解当前所面临的问题。可见，案例推理应用于油气储层综合评价具有较好的理论基础一致性。由于储层地质现象的复杂性、模糊性、不确定性和非线性特征，使得案例推理具有比基于规则的推理和基于模型的数学方法拥有更广泛的适应性和潜在优势，案例推理无须细究机理即可能实施储层定量分析和预测。

然而，并不能直接将传统案例推理方法直接应用于油气储层综合评价。因为，与传统案例推理只针对属性特征进行描述与推理不同，储层案例是描述发生在特定空间的储层地质现象，由于储层地质体的空间特征与分布规律，导致储层案例具有显性或隐性呈现出一定的空间分布模式。而且，储层案例自身的空间形态和属性特征随不同的研究尺度和层次而变化；同时，储层案例之间还存在着一定的空间制约或空间依赖关系。因此，进行储层案例推理必须考虑特定的空间特征；而且，储层案例推理涉及空间相似性计算与属性相似性计算；而空间相似性计算是储层案例推理的关键。

因此，本书将开展面向油气储层综合评价的空间案例推理模型研究，欲意为油气储层综合评价提供新的方法支持。

1.2 国内外研究现状

自 20 世纪 90 年代起，即有学者开始开展案例推理在气象、制图、规划、环境、土地利用、矿产资源预测、油气地质与工程等领域的研究与应用。

Jones 和 Roydhouse（1993）应用案例推理研究气象卫星图像，进行天气模式的预报；Liu 等（2009）采用案例推理方法对热带气旋强度进行了预测研究；Bajo 等（2010）采用案例推理研究海洋环境中大气与洋面二氧化碳交换的问题，并通过案例推理监测影响交互的因素；Lee 等（2014）采用案例推理和地统计方法对日均太阳辐射强度制图开展了研究。

Keller（1994）利用案例推理作为一种知识获取手段辅助制图综合；Shi 等（2004）采用案例推理方法进行土壤制图，开发了软件系统并对威斯康辛西南地区进行了制图实验，结果较规则方法更优。

叶嘉安和施迅（2001）开展了案例推理与 GIS 相集成的技术在规划申请审批中的应用研究，该研究主要基于属性信息进行规划案例的推理，空间查询基于 GIS 的传统空间位置、坐标查询方式实现。

杜云艳等（2002a，2002b，2003，2005）在地学案例推理研究中，针对不同的地理现象或事件采用不同的案例表达模型、不同的案例相似性检索模型（算法）。在相似性检索模型中，一般采用时空或空间抽取—属性相似性再抽取—新案例解获取等模式。其相关的应用涉及：东海中心渔场预报、海洋涡旋特征信息空间相似性推理、地理实体固定模式案例推理等。Florentino和Corchado（2003）利用案例推理进行赤潮预测，开发了相关系统并对伊比利亚半岛西北海岸进行了预测实验。Mata和Corchado（2009）、Baruque等（2010）利用案例推理模型预测海面原油泄漏后的扩散趋势，并对西班牙加利西亚西北海滨进行了预测。Mota等（2009）利用案例推理方法分析地理空间实体的形态和特征演化，并以巴西亚马孙热带雨林作为研究实例。Kaur和Kundra（2015）利用案例推理和蚁群优化方法对地下水资源开展了评估研究。Chazara等（2016）对案例推理的案例表达和相似性检索方法进行了研究并试用于污染物处理中。

黎夏等(2004)开展了案例推理方法对雷达图像进行土地利用分类的研究，该研究以像元的稳定光谱信息和纹理信息等作为案例库中案例的特征属性，并采用K最近邻算法进行相似性推理，分类精度与监督分类和非监督分类相比更优。钱峻屏等（2007）开展了时间序列案例推理检测土地利用短期快速变化的研究，该研究以像元的稳定光谱信息和纹理信息等为案例的特征属性，并在特征属性中加上了时间维，以反映土地利用/土地覆盖案例的特征属性在时间域中的动态变化，并采用K最近邻算法进行相似性推理，其检测精度优于基于规则的变化检测方法。杜云艳等（2009a，2009b）、温伟等（2009）在基于案例推理的土地利用变化预测研究中，地学案例的表达还选取了地块的周长、面积、距城镇的距离、距其他建筑用地的距离、地块邻接主要土地类型等表达空间关系的特征；通过相似性检索模型推理，其实验预测精度达到80%以上。Liu等（2014）在城市扩张研究中将案例推理应用于元胞自动机转换规则，获得了很好的效果。

窦杰等（2010）将案例推理方法应用于岩溶地面塌陷检测中，以多尺度分割后的影像对象为基本单元，提取其特征属性，经案例推理快速实现对岩溶塌陷的自动识别与分类；该方法较传统监督分类方法检测精度更高。吕威和倪玉华（2010）开展了案例推理确立最佳旅游线路的研究，通过将等距加密变换获取的数据集执行案例推理从而进行旅游线路的聚类分析，最终推荐合适的旅游线路。

Chen等（2010）、陈建华等（2012）、何彬彬等（2014）开展了区域成矿潜力预测案例推理研究，初步确立了成矿案例空间与属性特征一体化表达模型、成矿因子案例推理权重确定方法、成矿案例相似性测度推理模型，开发了成矿案例推理程序，对青海东昆仑地区进行了成矿案例推理实验，生成了铜铅锌矿、铁矿、金矿所属各种成因类型案例推理成矿潜力预测图十七张。

Bhushan 和 Hopkinson（2002）开展了 Web 环境下基于案例推理的储集体类比识别与信息共享的研究。通过将过去研究确定的储集体依据其属性特征建模为一个个历史储集体案例，当面对新的未知储集体对象时进行一般案例相似性测度，并给出相似类别。其目的在于团体协同工作时，及时、方便的确定未知储集体类别，以便进行其他处理，而非用于储层综合评价，是案例推理在石油机构协同工作的应用。徐英卓（2005）提出了案例表达采用储层评价参数的属性特征，案例相似性检索采用传统案例推理检索模型的储层评价构想。Shokouhi 等（2010，2014）针对油井钻探过程的复杂性，研究了如何将案例推理应用于此问题，并提出了案例推理针对此问题的案例获取的一种半自动化方法。

总体而言，目前案例推理在地学方面的研究与应用还存在一定的问题，缺乏空间推理，而主要依据属性特征进行推理预测。部分研究人员虽然针对具体研究对象开展了空间推理研究，但是关键的推理过程主要还是将空间特征属性化后进行的相似性推理，缺乏有效的空间相似性推理。整体上地学空间案例推理在理论和技术方法体系及应用方面还远远没有成熟。

1.3 主要研究内容

本书将求解模糊性、不确定性问题的案例推理思想引入储层综合评价中，结合 GIS 技术，针对储层地质问题的空间特征和复杂性，系统研究储层案例空间特征与属性特征一体化表达模型、储层案例空间相似性与属性相似性联合测度推理模型，储层案例空间特征与属性特征权重的确立方法，从而建立一种面向油气储层综合评价的空间案例推理模型，尝试为油气储层综合评价提供一种新的方法支持。具体研究内容如下。

（1）储层案例空间特征与属性特征一体化表达模型。由于储层地质问题内含空间特征，使得储层案例表达模型仅仅基于一般储层评价基础参数的属性特征是不够的，储层评价基础参数中的空间关系特征必须予以充分考虑，以反映其空间特征。提出储层评价基础参数中空间关系特征的提取方法，在此基础上给出储层案例空间特征与属性特征一体化表达模型。

（2）储层案例空间相似性与属性相似性联合测度推理模型。储层案例具有空间特征和属性特征，案例间的相似性测度不能也无法采用传统案例推理模型。提出针对储层案例空间特征的空间相似性推理方法，提出针对储层案例属性特征的属性相似性推理方法，在此基础上提出储层案例空间相似性与属性相似性联合测度推理模型。

（3）储层案例空间特征与属性特征权重的确立方法。储层案例推理时，储层案例空间特征与属性特征权重的不同设置将明显影响推理结果，客观、有效的储层案例空间特征与属性特征权重值对于储层案例推理结果的有效性非常重要。针对储层案例，给出其空间特征、属性特征权重确立的有效方法。

储层空间案例推理模型确立后，需要设计、开发储层综合评价空间案例推理系统，以用于研究区（实验区）储层综合评价案例推理实验、效果评价。为了与已有数学模型方法和传统油气储层综合评价方法进行效果对比，还需分别选择一种数学模型方法和一种传统油气储层综合评价方法开展对比实验，以便评价储层空间案例推理模型的有效性和合理性。

第 2 章　数据采集与处理

2.1　研究区选择依据

研究区位于鄂尔多斯盆地苏里格气田东区，面积 4873km^2（图 2.1），研究层位为二叠系下石盒子组 8 段。由于苏里格气田是中国规模很大的气田，本书研究区域与其毗邻且拥有相似的成藏地质条件，尤其是下石盒子组 8 段成藏地质条件非常相似，而且该地区目前是油气勘探的重点区域，因此选择它作为研究区域。

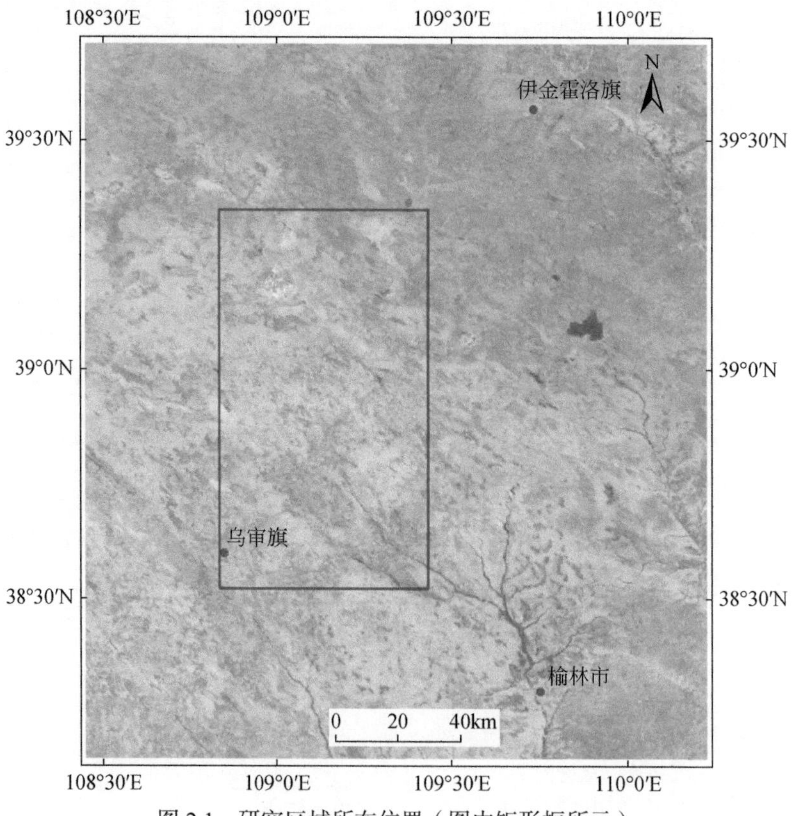

图 2.1　研究区域所在位置（图中矩形框所示）

2.2　钻井数据的采集与矢量化

储层评价基础参数通常有数十项之多，包括地质与地球物理参数（Sneider *et al.*，1991；裘亦楠和薛叔浩，1997；Brown，2011；陈欢庆等，2015），其中有些是原始数据（如砂体厚度），有些是领域专家深加工后的衍生数据（如沉积相），研究时选择了砂体厚度、地层厚度、砂地比、孔隙度、渗透率、储层埋深 6 个储层评价基础参数数据，原因在于这 6 个参数是原始数据，且易于获取。

从油田收集了研究区域针对二叠系下石盒子组 8 段的 524 口天然气钻井数据，其中，全部钻井拥有：砂体厚度、地层厚度、砂地比、储层埋深数据，336 口拥有孔隙度数据，333 口拥有渗透率数据，321 口钻井由领域专家确定了储层类别。

在收集的钻井数据中，每一口井数据都含有采用高斯－克吕格投影的平面坐标，通过投影转换工具将其转换为经纬度地理坐标。在 ArcMap 软件中，对转换了坐标的全部 524 口井数据依据坐标生成点矢量图层，每一点要素属性数据则包含了砂体厚度、地层厚度、砂地比等 6 个基础参数。为了与传统储层综合评价方法生成的图件保持统一，将钻井点矢量图层坐标系转换为兰勃特投影坐标系（其他矢量、栅格图层皆设为此投影坐标系）。钻井数据矢量化后，为便于后续数据处理和储层评价研究，生成研究区范围矢量图层（表现为一矩形框），并以此为基础生成矢量格网图层，格网大小为 80m × 80m，在如此大小的格网内，砂体厚度等每一基础参数数据可近似视为相等，共计有 761425 个格网单元。

2.3　储层评价参数空间插值

由于钻井点矢量图层是离散分布的，为了使研究区矩形范围内每一处都具有砂体厚度、地层厚度、砂地比、孔隙度、渗透率、储层埋深 6 个储层评价基础参数数据值，需要利用钻井点矢量数据采用空间插值方法生成研究区面状分布的这 6 个评价参数数据值。

空间插值是一种将区域上呈离散分布的数据值面状化（连续化）的方法，

一般包括确定性插值方法和地统计（估计）插值方法。确定性插值包括：反距离加权插值法（Inverse Distance Weighting，IDW）、自然近邻法（Natural neighbor）、最近邻法（Nearest-neighbor）等，地统计插值主要指克里金插值法（Kriging and Cressie，1993；刘爱利等，2012）。

空间插值的核心思想是：待插值点 j 的 z 值是邻近采样点 z 值加权和的平均值。统一公式为

$$z_j = \frac{\sum_{i=1}^{n} \lambda_i z_i}{\sum_{i=1}^{n} \lambda_i} \tag{2.1}$$

式中，z_i 是邻近采样点 i 的 z 值；λ_i 是对应点 z 值的权值；n 是邻近采样点的总数；z_j 是待插值点 j 插值后的结果。

不同的插值方法，区别是权值的确定方法不同。

克里金插值法，又称空间局部估计或空间局部插值，它建立在变异函数理论及结构分析的基础之上，是利用区域化变量的原始数据和变异函数的结构特点，对未采样点的区域化变量的取值进行线性、无偏、最优估计的一种方法。

克里金插值法涉及地统计学的 3 个要素：区域化变量、协方差、变异函数。区域化变量是指当一个变量呈空间分布时，称之为区域化变量，这种变量反映了空间某种属性的分布特征。区域化变量具有两个重要的特征：一是区域化变量是一个随机函数，它具有局部的、随机的、异常的特征；其次是区域化变量具有一般的或平均的结构性质，即 A 点和与其相距 h 的 B 点处的属性变量具有某种程度的空间自相关。协方差又称半方差，是用来描述区域化变量之间差异的参数。而变异函数能同时描述区域化变量的随机性和结构性（即空间自相关性），从而在数学上对区域化变量进行严格分析，是空间变异规律分析和空间结构分析的有效工具。变异函数是在协方差或半方差云图的基础上结合球状、线性、高斯等拟合模型确立起来的。

克里金插值法可分为：普通克里金法（Ordinary Kriging）、泛克里金法（Universal Kriging）、指示克里金法（Indicator Kriging）、析取克里金法（Disjunctive Kriging）、协同克里金法（Cokriging）等。普通克里金法要求区域化变量满足二阶平稳假设或本征假设，但实际应用中这一假设往往无法满足，即区域化变量存在空间漂移或趋势，从而限制了普通克里金法的应用，而泛克里金法的引入解决了这个问题。

克里金插值法的基本步骤如下。

（1）克里金插值法中衡量各点之间空间相关程度的测度是协方差或半方差，可用与其等价的变异函数计算公式表示

$$\gamma(h)=\frac{1}{2N(h)}\sum_{i=1}^{N(h)}\left[Z(x_i)-Z(x_i+h)\right]^2 \tag{2.2}$$

式中，h 为各点之间的距离；N 是由 h 分开的成对样本点的数量；Z 是点的属性值。而任意两个单独的点 A、B（二者相距 h）之间的协方差或半方差为

$$\gamma(h)=\frac{1}{2}\left[Z(x_A)-Z(x_A+h)\right]^2 \tag{2.3}$$

（2）在不同距离的半方差值都计算出来后，绘制半方差云图，横轴代表距离，纵轴代表半方差。半方差云图中有三个参数块金（Nugget，表示距离为零时的半方差），基台值（Sill，表示基本达到恒定的半方差值），变程（Range，表示一个值域范围，在该范围内半方差随距离增加，超过该范围，半方差值趋于恒定，即两点之间的空间相关性消失）。利用做出的半方差云图找出与之拟合的最好的理论变异函数模型，可用于拟合的模型包括高斯模型、线性模型、球状模型、指数模型、圆形模型等。如球状模型为

$$\gamma(h)=\begin{cases}0 & h=0\\ c_0+c\left(\dfrac{3h}{2a}-\dfrac{h^3}{2a^3}\right) & 0<h\leqslant a\\ c_0+c & h>a\end{cases} \tag{2.4}$$

式中，c_0 为块金；a 为变程；c 为系数且 c_0+c 为基台值；h 为两点之间的距离变量。球状模型空间相关性随距离的增长逐渐衰减，当距离大于球体半径后，空间相关性消失。理论上，在零间距处，半方差或半变异函数值应为 0。但是，在无限小的间距处，半方差或半变异函数通常显示块金效应，即值大于 0。如果半变异函数模型在 y 轴上的截距为 5，则块金为 5。块金效应可归因于测量误差。由于测量设备中存在固有误差，因此块金效应一般是存在的。

（3）利用半方差云图求取拟合模型中的参数。一般计算方法是，依据半方差云图半方差值趋于恒定之前距离范围内的 h 和对应 $\gamma(h)$ 数据，对上式进行最小二乘法拟合以求取参数。

（4）利用确立的理论变异函数模型计算相关已知点对未知待估点贡献程度的权重值。普通克里金插值权重确定方程为

$$K = \begin{bmatrix} \gamma_{11} & \gamma_{12} & \cdots & \gamma_{1n} & 1 \\ \gamma_{21} & \gamma_{22} & \cdots & \gamma_{2n} & 1 \\ \vdots & \vdots & & \vdots & \vdots \\ \gamma_{n1} & \gamma_{n2} & \cdots & \gamma_{nn} & 1 \\ 1 & 1 & \cdots & 1 & 0 \end{bmatrix}, \quad \lambda = \begin{bmatrix} \lambda_1 \\ \lambda_2 \\ \vdots \\ \lambda_n \\ \mu \end{bmatrix}, \quad D = \begin{bmatrix} \gamma(x_1, x) \\ \gamma(x_2, x) \\ \vdots \\ \gamma(x_n, x) \\ 1 \end{bmatrix} \tag{2.5}$$

$$K\lambda = D \tag{2.6}$$

$$\lambda = K^{-1}D \tag{2.7}$$

对于有趋势的泛克里金插值，还需涉及趋势方程。

而克里金估计方差公式为

$$\sigma_K^2 = \sum_{i=1}^{n} \lambda_i \gamma(x_i, x) - \gamma(x, x) + \mu \tag{2.8}$$

式中，γ_{ij} 为已知点 i 与 j 的变异函数值（由前述确立的理论变异函数模型计算得出，输入变量为两已知点之间的距离 h）；$\gamma(x_k, x)$ 为已知点 x_k 与待估点 x 的变异函数值（计算方法同 γ_{ij}）；λ_k 为已知点 x_k 对待估点 x 的贡献程度的权重值；μ 为拉格朗日乘数。权重系数的求取需要满足两个条件：①待估点的估计值是无偏的，即偏差的数学期望为零；②估计值是最优的，即估计值和实际值之差的平方和最小，也即，估计方差 σ_K^2 最小。

上述方程表明，克里金插值方法中，待插值点的估计值不仅受待插值点与已知点之间空间相关性的影响，而且受已知点之间空间相关性的影响。

（5）利用统一插值公式求取待插值点的值。

储层评价基础参数的空间插值采用的是泛克里金法。

在执行泛克里金插值前，需要进行数据的探索性分析。探索性数据分析以原始数据为依据，从实际出发，在分析数据内在的数量特征、数量关系、数量变化时，不以某种理论为依据，而是采用简单、灵活的分析方法（如直方图、箱线图、残差图、数据变换等），从中探索数据内在的规律性。针对砂体厚度、地层厚度、砂地比、孔隙度、渗透率、储层埋深这 6 个储层评价基础参数，对每一参数数据采用直方图、分位数 - 分位数图等分析数据的空间分布特征，如果数据不服从正态分布，则采用对数变换等数据变换方法对数据进行变换，使其服从正态分布。虽然克里金插值法并不要求数据必须服从正态分布，但是，如要获取普通克里金法、简单克里金法和泛克里金法的分位数和概率图则要求数据必须服从正态分布。如果只考虑加权平均值预测，则无论数据是否服从正态分布，克里金插值法都是最好的无偏差预测方法。

不过，如果数据服从正态分布，克里金插值法是所有无偏差预测方法（不仅针对加权平均值预测）中最好的。

另外，在执行泛克里金插值前，还需要明确数据的分布趋势。这可以通过探索性数据分析中的趋势分析方法确定每一储层评价基础参数的趋势分布。泛克里金插值中，如果数据存在一阶或二阶趋势，须将趋势剔除，并对剔除趋势后的残差应用克里金法进行空间插值，在最后生成插值表面前再将趋势加入，形成最终的插值表面。

采用 ArcMap 软件对砂体厚度、地层厚度、砂地比、孔隙度、渗透率、储层埋深这 6 个储层评价基础参数数据进行空间插值的具体过程简述如下。

1. 砂体厚度空间插值

1）探索性空间数据分析

（1）直方图分析。

直方图（图 2.2）显示，524 口井砂体厚度数据呈正态分布，无需变换。

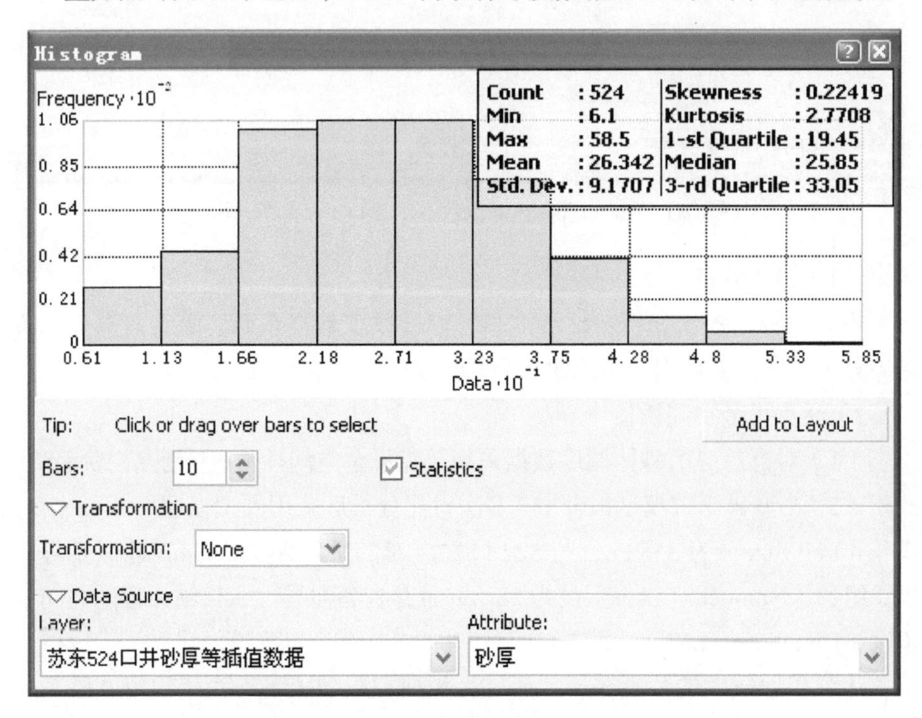

图 2.2　524 口井砂体厚度数据直方图分析

（2）正态 QQ（Quantile – Quantile，分位数 – 分位数）分布图分析。

正态 QQ 分布图（图 2.3）也显示，524 口井砂体厚度数据呈正态分布，无需变换。

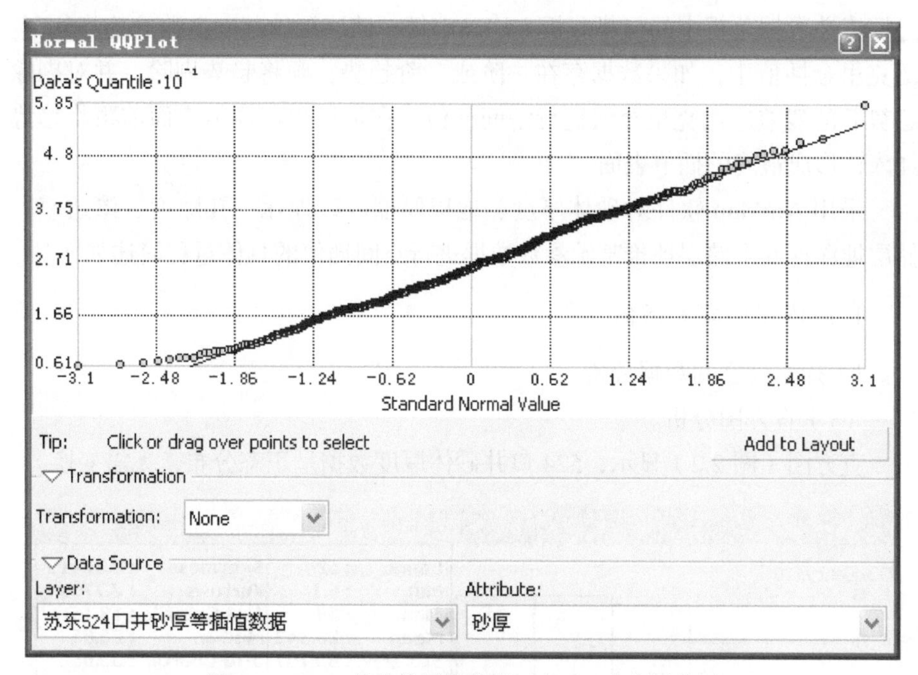

图 2.3　524 口井砂体厚度数据正态 QQ 分布图分析

（3）趋势分析。

趋势分析（图 2.4）显示，524 口井砂体厚度数据东西、南北向都呈二阶趋势分布，即代表数据分布的曲线为弧形曲线。

2）泛克里金空间插值

（1）对有趋势的砂体厚度数据采用泛克里金空间插值，并剔除二阶趋势。

（2）半变异函数模型拟合中，多次对比分析后采用圆型模型（Circular），步长（Lag Size）为 3552m，与 524 口井点对的平均距离 3534m 近似相等，步长组数（Number of Lags）设为 28。并且存在各向异性，长轴为近南北向，角度（Direction）4.57°（图 2.5）。

从沉积地质学的角度分析，研究区域研究层位（下石盒子组第 8 段）地质历史时期物源主要来自北方（自北向南为主的曲流河、辫状河提供沉积物来源），524 口井砂体厚度数据各向异性长轴呈近南北向，符合地质规律。

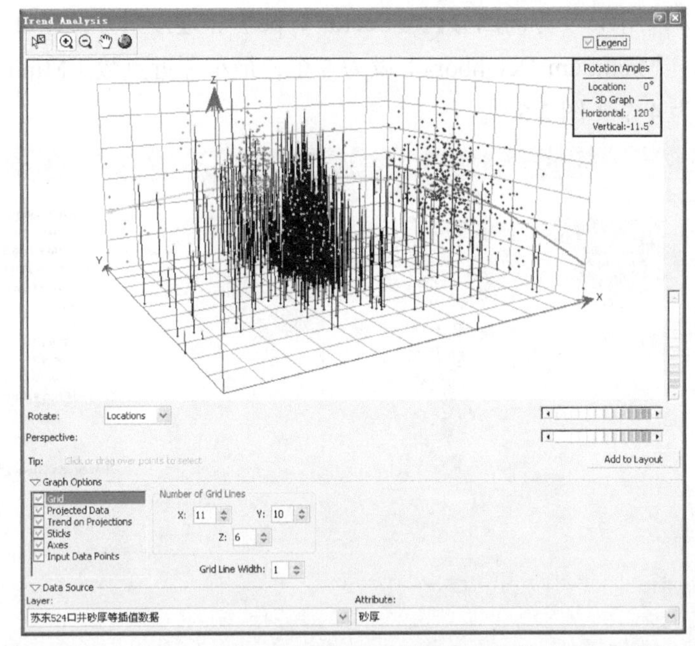

图 2.4 524 口井砂体厚度数据趋势分析

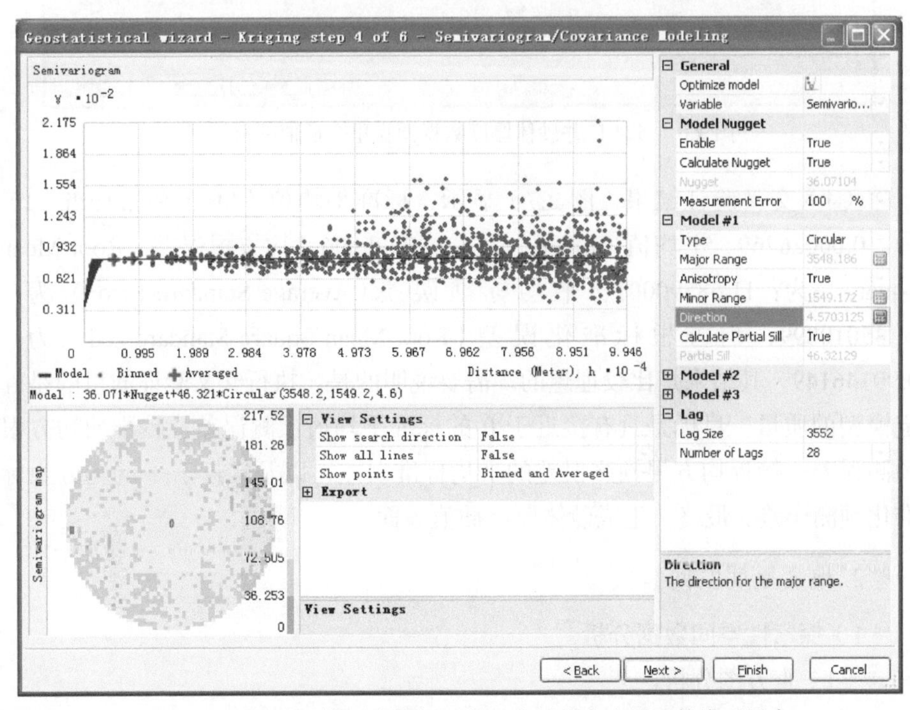

图 2.5 524 口井砂体厚度数据泛克里金插值半变异函数模型拟合

（3）采用 45° 方向四分区（Sector Type）邻近搜索方式，每一分区最大邻近点数（Maximum Neighbors）设为 5 个，最小邻近点数（Minimum Neighbors）设为 4 个（图 2.6）。

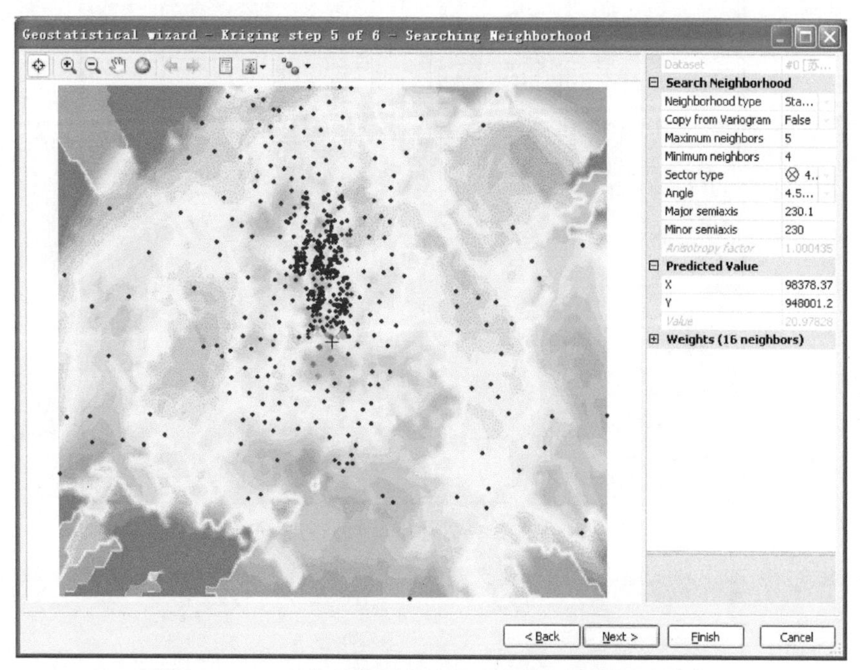

图 2.6　524 口井砂体厚度数据泛克里金插值邻近搜索

（4）交叉验证结果（图 2.7）显示，标准平均值（Mean Standardized）为：0.00026769、平均值（Mean）为：0.20995896、均方根误差（Root Mean Square）为：11.68590001、平均标准误差（Average Standard Error）为：11.45010899、均方根标准化误差（Root Mean Square Standardized）为：0.99146149。其结果是比较理想的。需要说明的是，执行交叉验证的目的是确定模型的质量，目标是具有接近于 0 的标准平均值预测误差、较小的均方根预测误差、接近均方根预测误差的平均标准误差，以及接近于 1 的均方根标准化预测误差。最终，生成砂体厚度插值表面。

2. 地层厚度空间插值

1）探索性空间数据分析

（1）直方图分析。

直方图（图 2.8）显示，524 口井地层厚度数据近似呈正态分布，采用 log

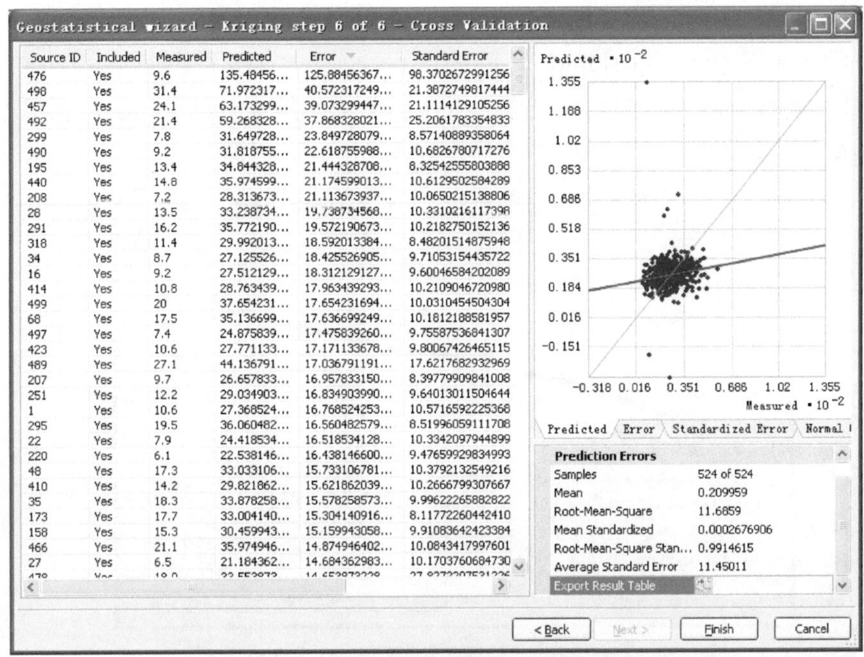

图 2.7　524 口井砂体厚度数据泛克里金插值交叉验证

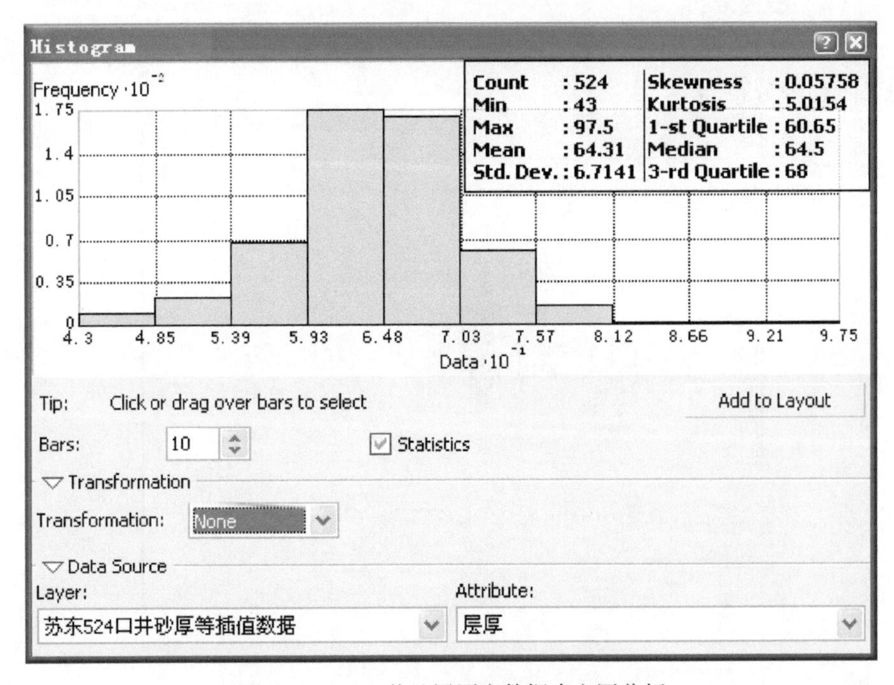

图 2.8　524 口井地层厚度数据直方图分析

变换后更趋正态分布，但是结合正态 QQ 分布图（图 2.9）分析，不做变换更好。

（2）正态 QQ 分布图分析。

正态 QQ 分布图（图 2.9）显示，524 口井地层厚度数据呈正态分布，无需变换。

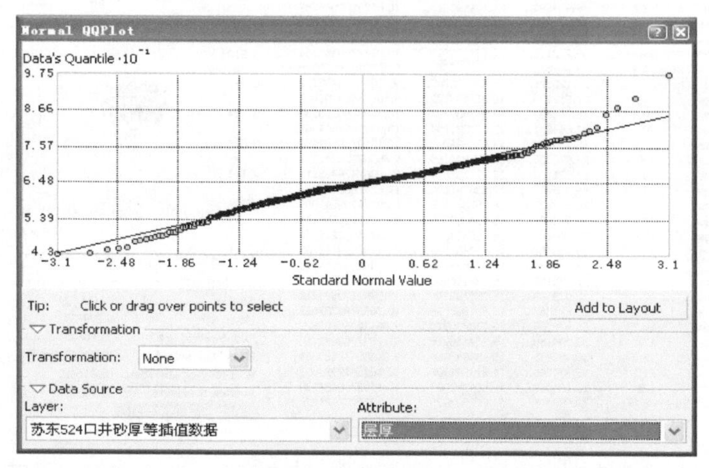

图 2.9　524 口井地层厚度数据正态 QQ 分布图分析

（3）趋势分析

趋势分析（图 2.10）显示，524 口井地层厚度数据东西、南北向都呈明显的二阶趋势分布。

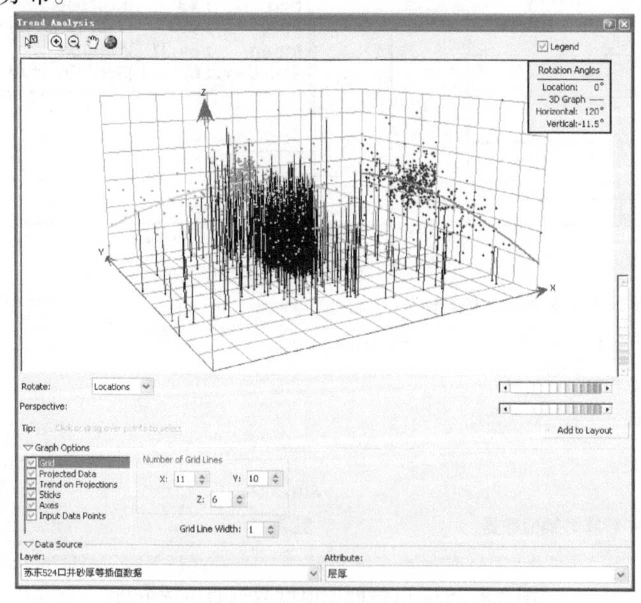

图 2.10　524 口井地层厚度数据趋势分析

2）泛克里金空间插值

（1）对有趋势的地层厚度数据采用泛克里金空间插值，并剔除二阶趋势。

（2）半变异函数模型拟合中，多次对比分析后采用稳定模型（Stable），步长为 3552m，与 524 口井点对的平均距离 3534m 近似相等，步长组数设为 28。并且存在各向异性，长轴为近南北向，角度 168.22°（图 2.11）。

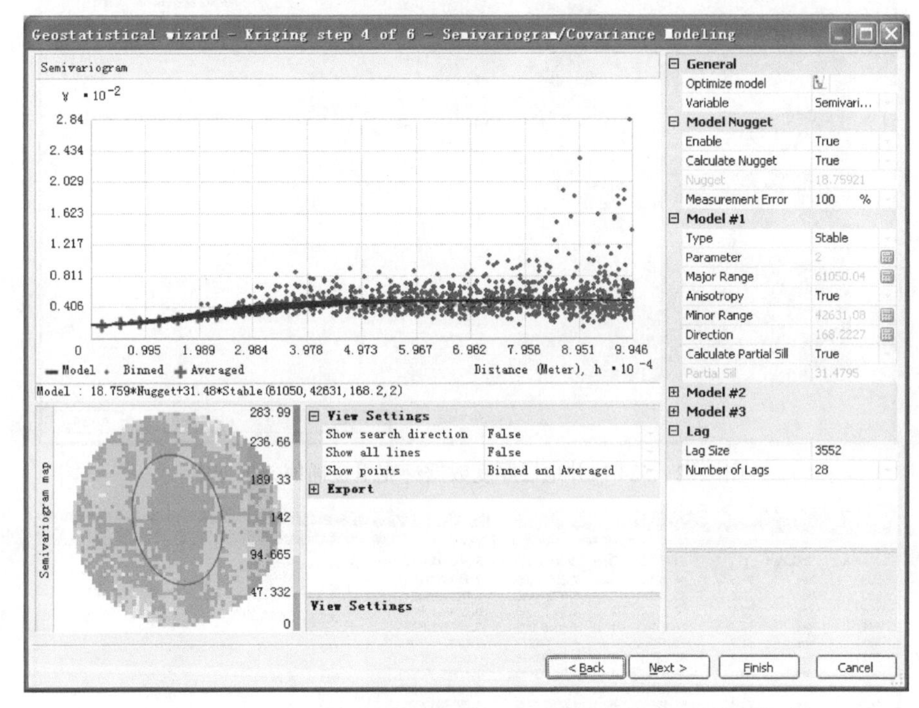

图 2.11 524 口井地层厚度数据泛克里金插值半变异函数模型拟合

同样，从沉积地质学的角度分析，研究区域研究层位地质历史时期物源主要来自北方，524 口井地层厚度数据各向异性长轴呈近南北向，符合地质规律。

（3）采用 45° 方向四分区邻近搜索方式，每一分区最大邻近点数设为 5 个，最小邻近点数设为 4 个（图 2.12）。

（4）交叉验证结果（图 2.13）显示，标准平均值为：–0.01287128、平均值为：–0.01231534、均方根误差为：7.54211089、平均标准误差为：7.00615955、均方根标准化误差为：1.22953688。其结果是理想的。最终，生成地层厚度插值表面。

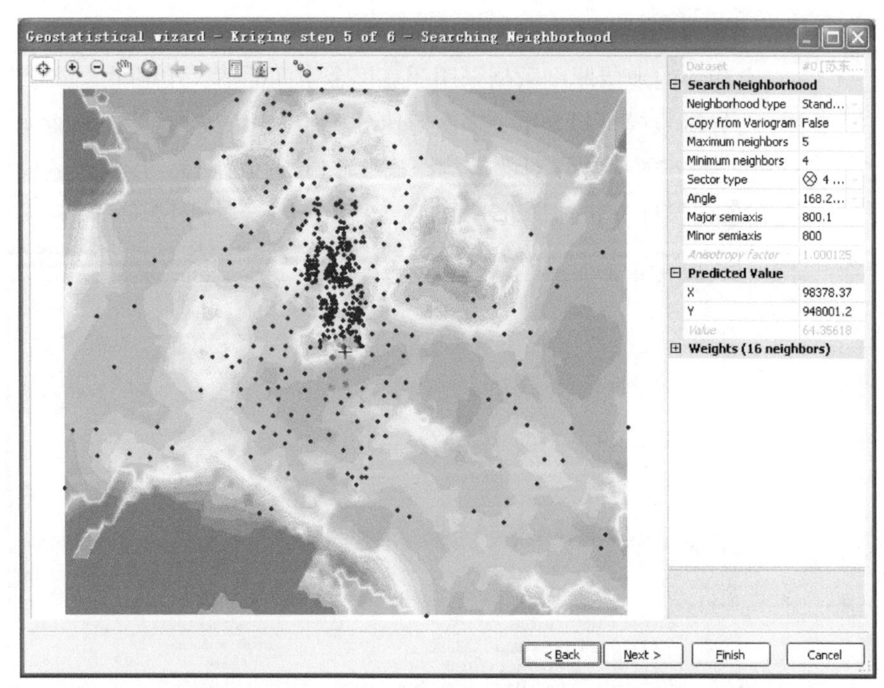

图 2.12　524 口井地层厚度数据泛克里金插值邻近搜索

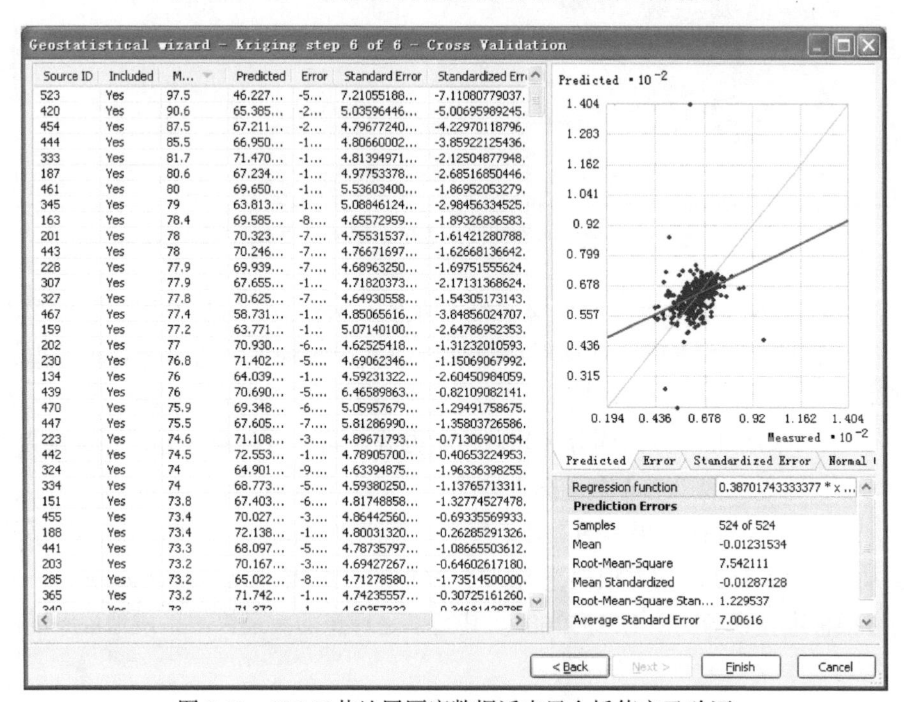

图 2.13　524 口井地层厚度数据泛克里金插值交叉验证

3. 砂地比空间插值

1）探索性空间数据分析

（1）直方图分析。

直方图（图2.14）显示，524口井砂地比数据呈正态分布，无需变换。

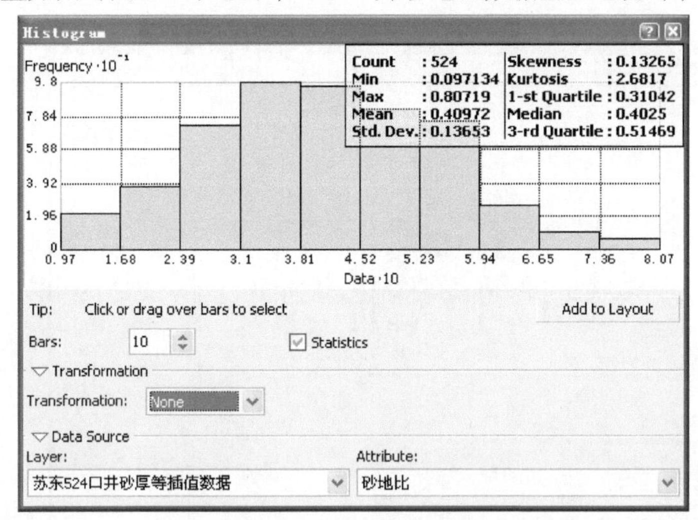

图2.14　524口井砂地比数据直方图分析

（2）正态QQ分布图分析。

正态QQ分布图（图2.15）显示，524口井砂地比数据呈正态分布，无需变换。

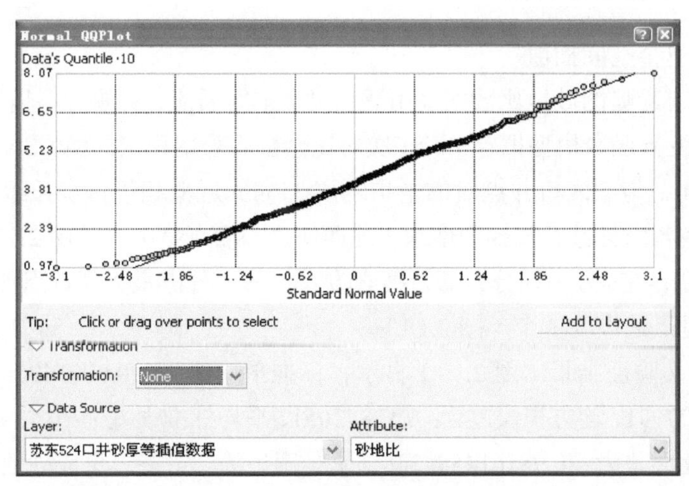

图2.15　524口井砂地比数据正态QQ分布图分析

（3）趋势分析。

趋势分析（图 2.16）显示，524 口井砂地比数据东西无趋势，即代表数据分布的曲线为一条水平直线；南北向呈明显的一阶趋势分布，北东－南西、南东－北西向也都呈明显的一阶趋势分布，即代表数据分布的曲线为一条倾斜的直线。

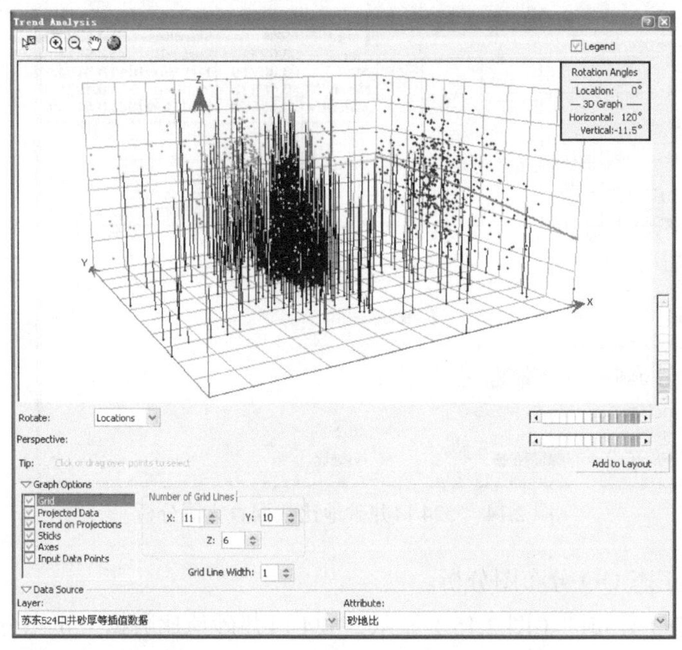

图 2.16　524 口井砂地比数据趋势分析

2）泛克里金空间插值

（1）对有趋势的砂地比数据采用泛克里金空间插值，并剔除一阶趋势。

（2）半变异函数模型拟合中，多次对比分析后采用稳定模型（Stable），步长为 3552m，与 524 口井点对的平均距离 3534m 近似相等，步长组数设为 28。并且存在各向异性，长轴为南东－北西向，角度 152.05°（图 2.17）。

（3）采用 45° 方向四分区邻近搜索方式，每一分区最大邻近点数设为 5 个，最小邻近点数设为 3 个（图 2.18）。

（4）交叉验证结果（图 2.19）显示，标准平均值为：0.00014275、平均值为：-0.00027991、均方根误差为：0.13842051、平均标准误差为：0.13989729、均方根标准化误差为：0.98161454。其结果是理想的。最终，生成砂地比插值表面。

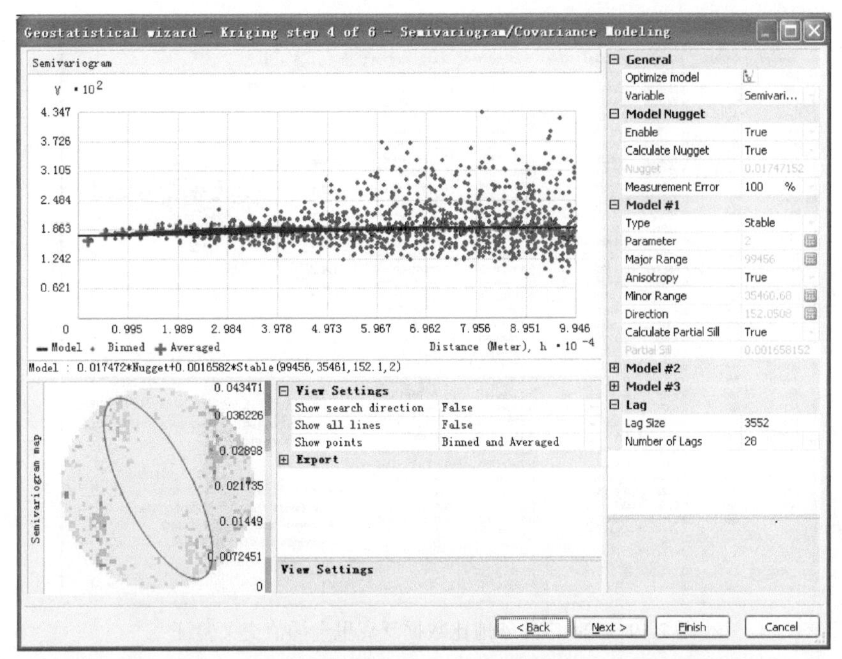

图 2.17　524 口井砂地比数据泛克里金插值半变异函数模型拟合

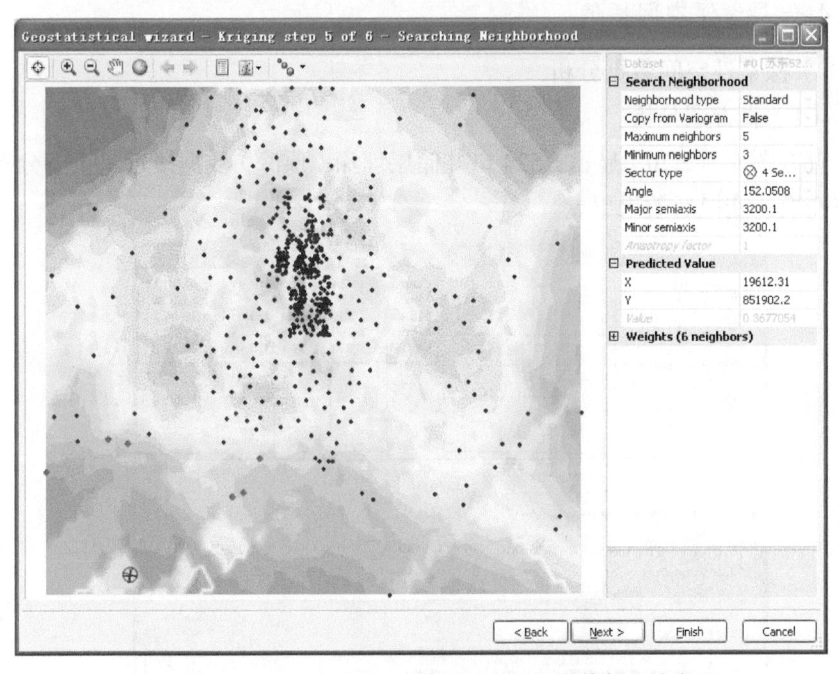

图 2.18　524 口井砂地比数据泛克里金插值邻近搜索

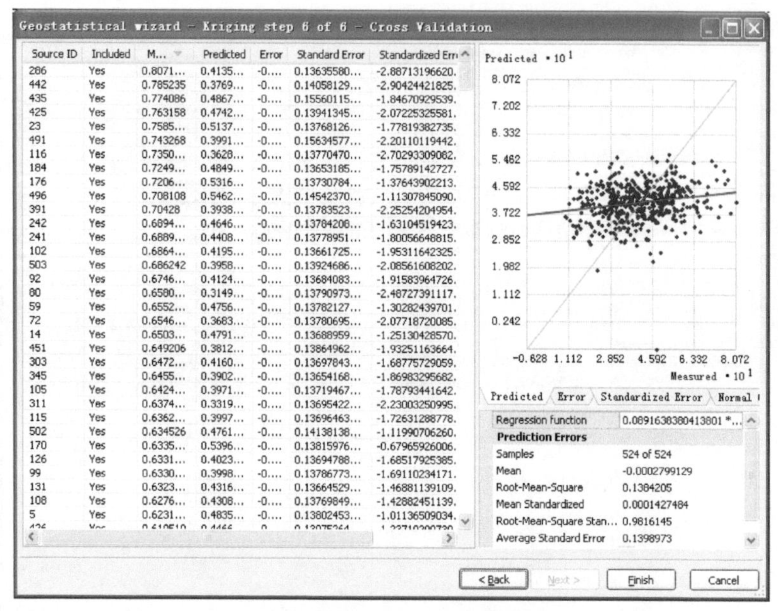

图 2.19　524 口井砂地比数据泛克里金插值交叉验证

4. 储层埋深空间插值

1）探索性空间数据分析

（1）直方图分析。

直方图（图 2.20）显示，524 口井储层埋深（顶深）数据接近呈正态分布，无需变换，变换后效果更差。

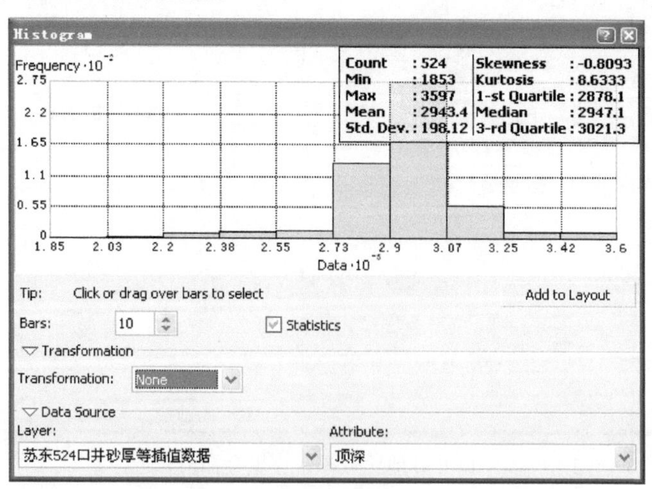

图 2.20　524 口井储层埋深数据直方图分析

（2）正态 QQ 分布图分析。

正态 QQ 分布图（图 2.21）显示，524 口井储层埋深数据接近呈正态分布，无需变换，变换后效果更差。

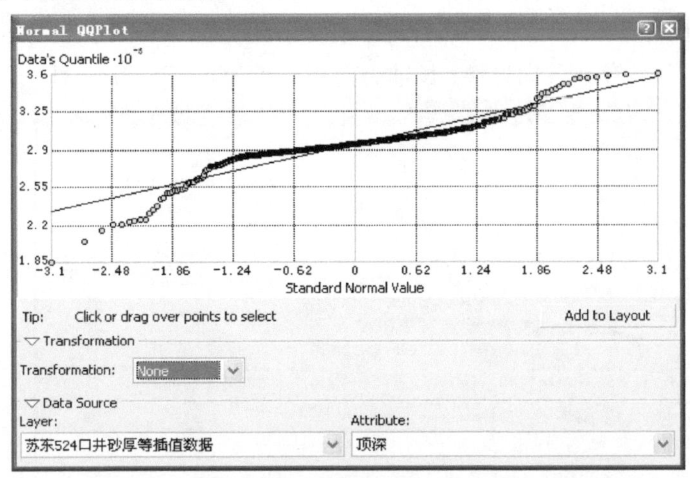

图 2.21　524 口井储层埋深数据正态 QQ 分布图分析

（3）趋势分析。

趋势分析（图 2.22）显示，524 口井储层埋深数据东西呈显著的一阶趋势，南北向呈明显的二阶趋势分布。

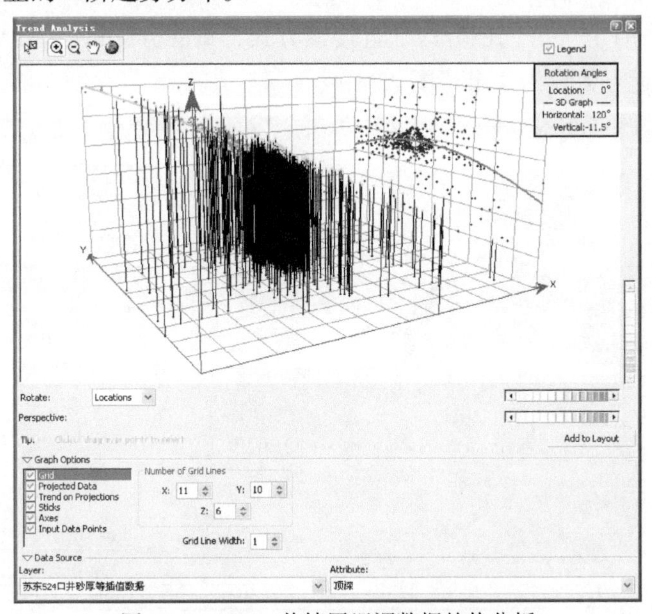

图 2.22　524 口井储层埋深数据趋势分析

2）泛克里金空间插值

（1）对有趋势的储层埋深数据采用泛克里金空间插值，并剔除二阶趋势。

（2）半变异函数模型拟合中，多次对比分析后采用指数模型（Exponential），步长为3552m，与524口井点对的平均距离3534m近似相等，步长组数设为28。并且存在各向异性，长轴为南东-北西向，角度160.31°（图2.23）。

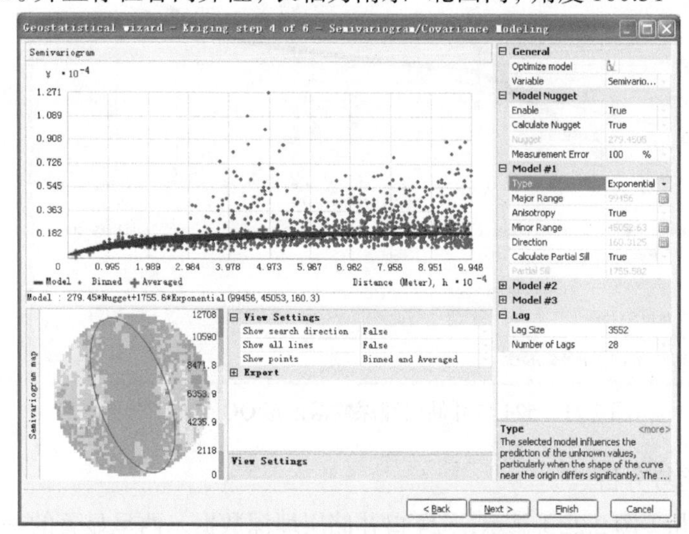

图2.23 524口井储层埋深数据泛克里金插值半变异函数模型拟合

（3）采用45°方向四分区邻近搜索方式，每一分区最大邻近点数设为5个，最小邻近点数设为4个（图2.24）。

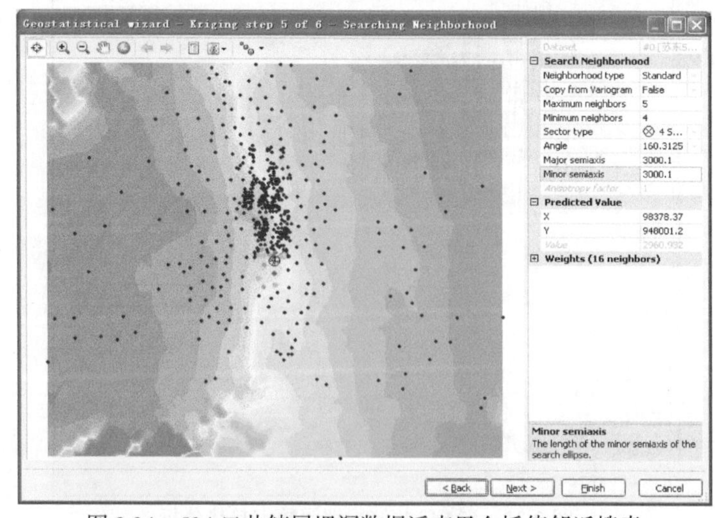

图2.24 524口井储层埋深数据泛克里金插值邻近搜索

（4）交叉验证结果（图 2.25）显示，标准平均值为：0.00768316、平均值为：–0.72951974、均方根误差为：46.91089547、平均标准误差为：33.81564453、均方根标准化误差为：1.01521426。其结果是基本理想的。最终，生成储层埋深插值表面。

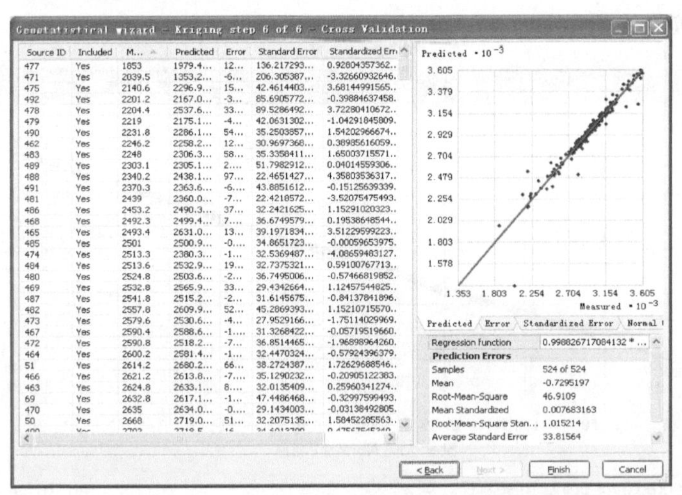

图 2.25　524 口井储层埋深数据泛克里金插值交叉验证

5. 孔隙度空间插值

1）探索性空间数据分析

（1）直方图分析。

直方图（图 2.26）显示，336 口井孔隙度数据接近正态分布，Box-Cox 变

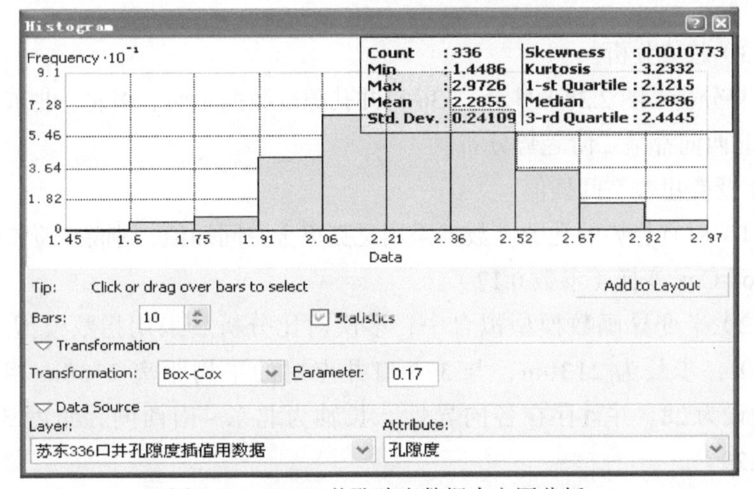

图 2.26　336 口井孔隙度数据直方图分析

换（参数 0.17）后，偏度（Skewness）更小，峰度（Kurtosis）也更小，更接近正态分布。

（2）正态 QQ 分布图分析。

正态 QQ 分布图（图 2.27）显示，336 口井孔隙度数据接近正态分布，Box-Cox 变换（参数 0.17）后，更接近正态分布。

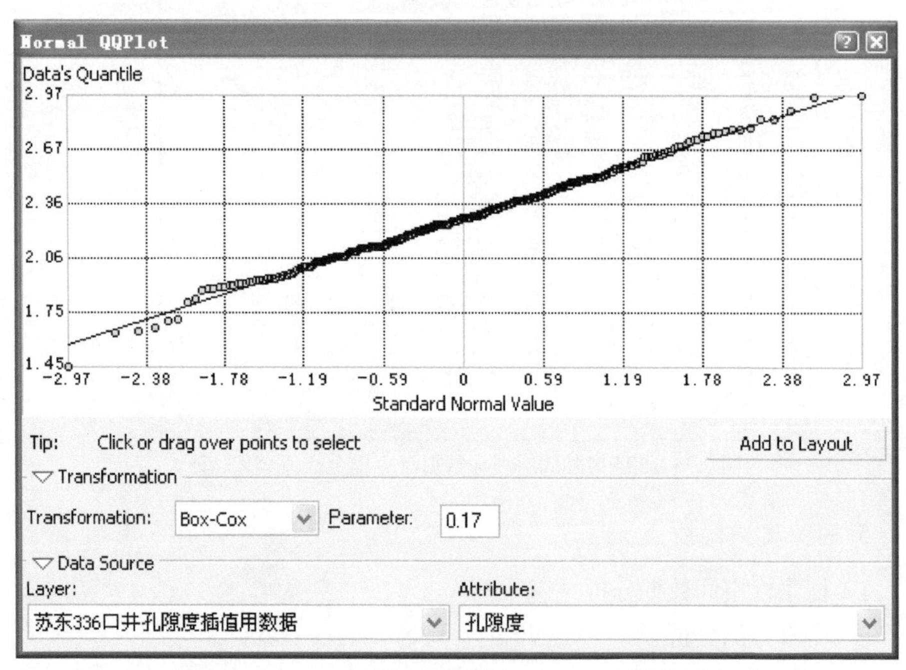

图 2.27　336 口井孔隙度数据正态 QQ 分布图分析

（3）趋势分析。

趋势分析（图 2.28）显示，336 口井孔隙度数据东西、南北、北东 - 南西、南东 - 北西向都呈二阶趋势分布。

2）泛克里金空间插值

（1）对有趋势的孔隙度数据采用泛克里金空间插值，剔除二阶趋势，且进行 Box-Cox 变换（参数 0.17）。

（2）半变异函数模型拟合中，多次对比分析后采用指数模型（Exponential），步长为 2130m，与 336 口井点对的平均距离 2130m 相等，步长组数设为 28。并且存在各向异性，长轴为北东 - 南西向，角度 52.91°（图 2.29）。

（3）采用 45° 方向四分区邻近搜索方式，每一分区最大邻近点数设为 5

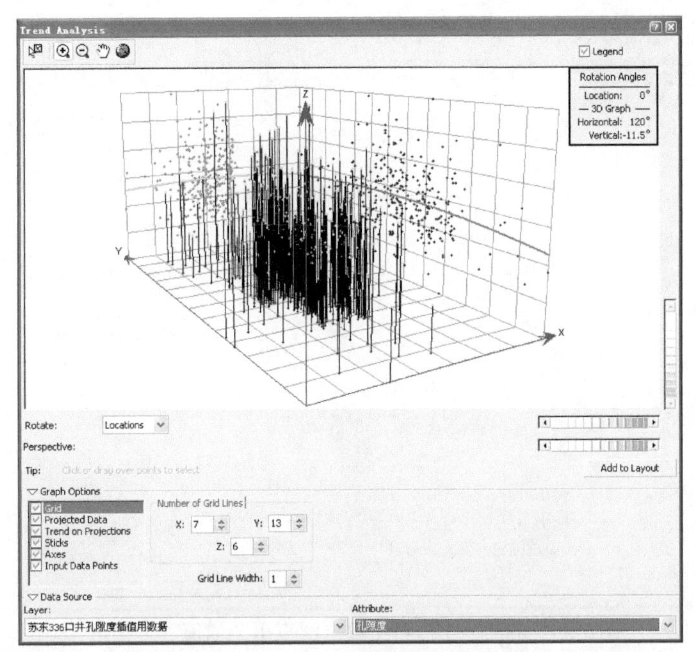

图 2.28　336 口井孔隙度数据趋势分析

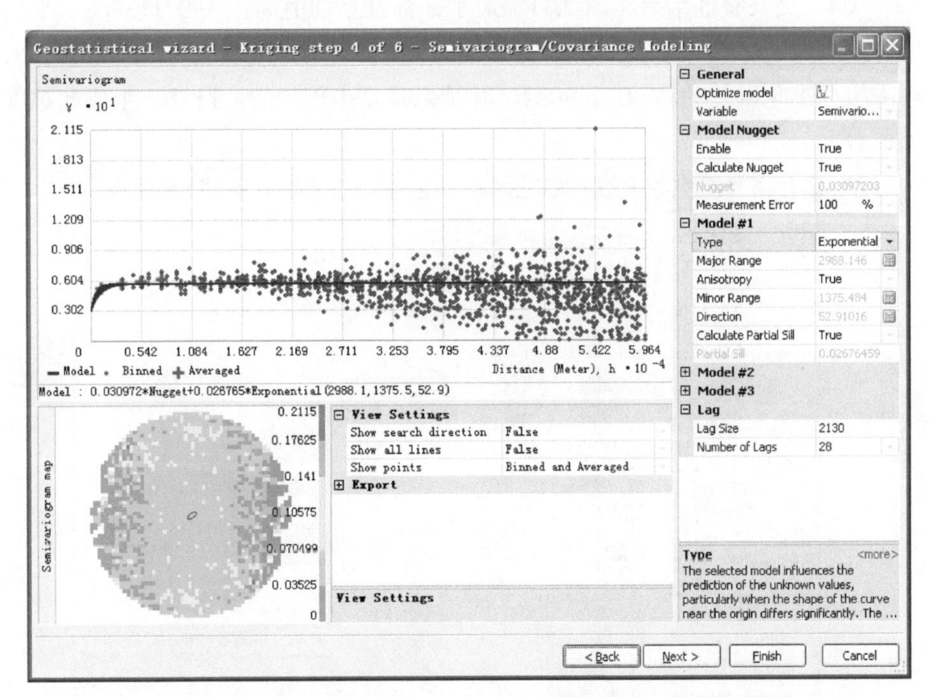

图 2.29　336 口井孔隙度数据泛克里金插值半变异函数模型拟合

个，最小邻近点数设为 4 个（图 2.30）。

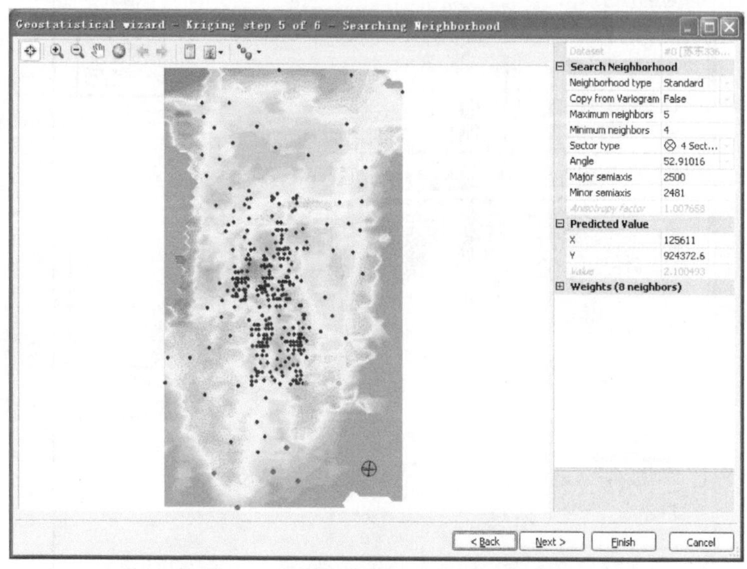

图 2.30　336 口井孔隙度数据泛克里金插值邻近搜索

（4）交叉验证结果（图 2.31）显示，标准平均值为：−0.07113968、平均值为：−0.22266585、均方根误差为：3.68665847、平均标准误差为：1.87579896、均方根标准化误差为：1.07469022。其结果是基本理想的。最终，生成孔隙度插值表面。

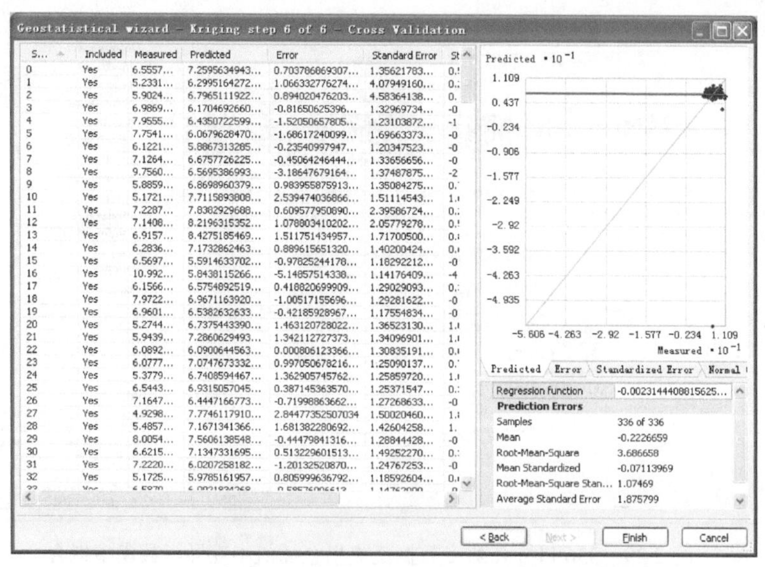

图 2.31　336 口井孔隙度数据泛克里金插值交叉验证

6. 渗透率空间插值

1）探索性空间数据分析

（1）直方图分析。

直方图（图 2.32）显示，333 口井渗透率数据接近正态分布，Box-Cox 变换（参数 0.03）后，偏度更小，峰度也更小，更接近正态分布。

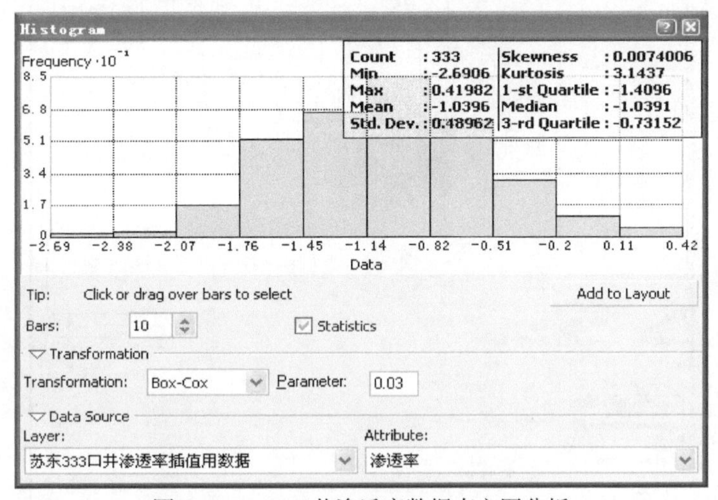

图 2.32　333 口井渗透率数据直方图分析

（2）正态 QQ 分布图分析。

正态 QQ 分布图（图 2.33）显示，333 口井渗透率数据接近正态分布，Box-Cox 变换（参数 0.03）后，更接近正态分布。

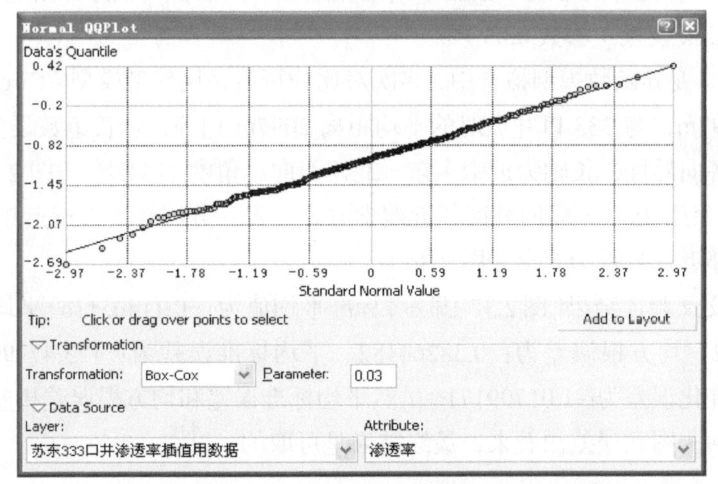

图 2.33　333 口井渗透率数据正态 QQ 分布图分析

（3）趋势分析。

趋势分析（图 2.34）显示，333 口井渗透率数据东西、南北、北东－南西、南东－北西向都呈二阶趋势分布。

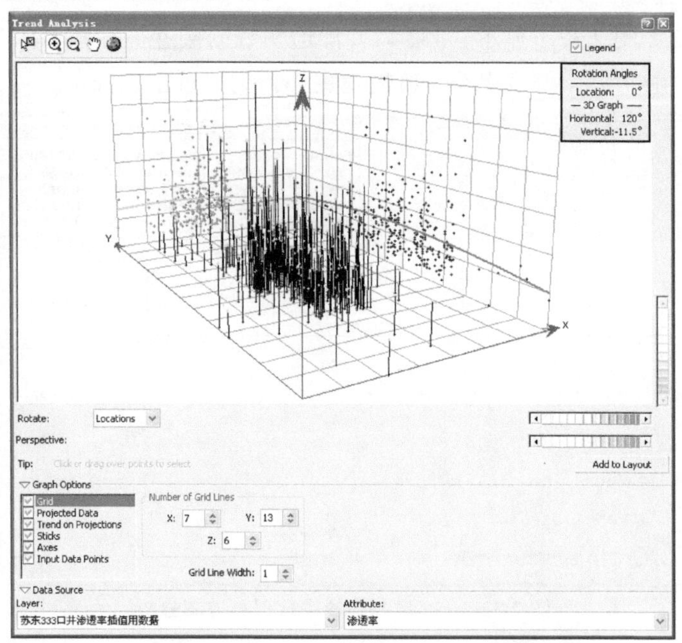

图 2.34　333 口井渗透率数据趋势分析

2）泛克里金空间插值

（1）对有趋势的渗透率数据采用泛克里金空间插值，剔除二阶趋势，且进行 Box-Cox 变换（参数 0.03）。

（2）半变异函数模型拟合中，多次对比分析后采用球型模型（Circular），步长为 2097m，与 333 口井点对的平均距离 2097m 相等，步长组数设为 28。并且存在各向异性，长轴为近南东东－北西西向，角度 116.89°（图 2.35）。

（3）采用 45° 方向四分区邻近搜索方式，每一分区最大邻近点数设为 6 个，最小邻近点数设为 5 个（图 2.36）。

（4）交叉验证结果（图 2.37）显示，标准平均值为：-0.11465116、平均值为：0.01448352、均方根误差为：0.38264182、平均标准误差为：123.47799834、均方根标准化误差为：1.01709171。虽然平均标准误差和均方根误差相差较大，但是结合预测图和误差图看来，最终结果是可取的。

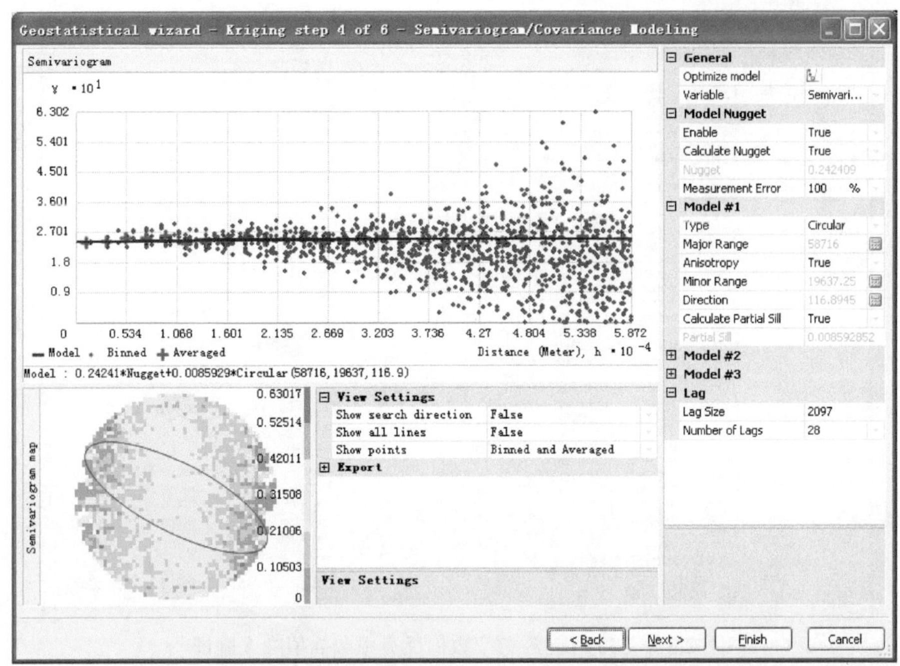

图 2.35　333 口井渗透率数据泛克里金插值半变异函数模型拟合

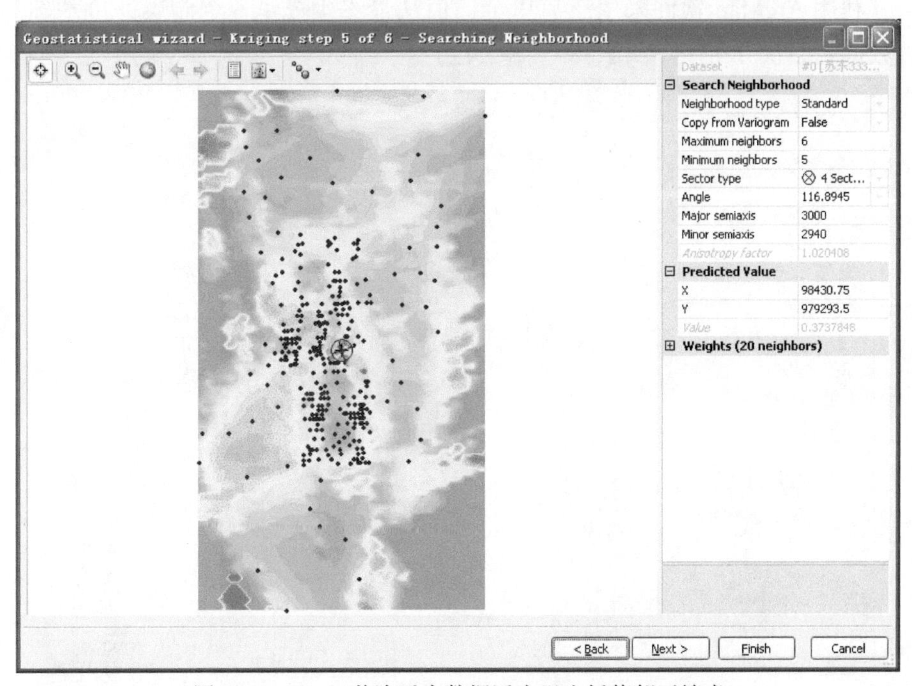

图 2.36　333 口井渗透率数据泛克里金插值邻近搜索

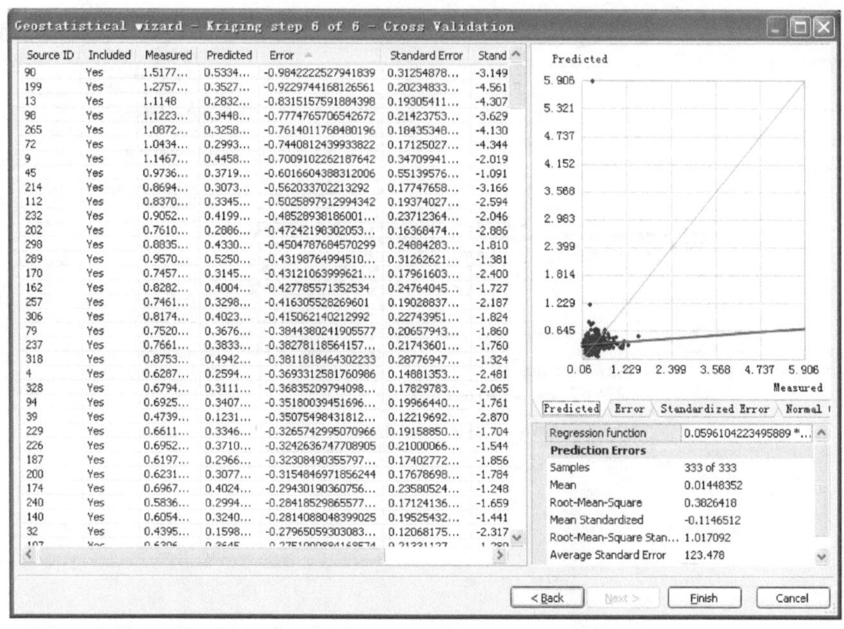

Source ID	Included	Measured	Predicted	Error	Standard Error	Stand
90	Yes	1.5177...	0.5334...	-0.9842222527941839	0.31254878...	-3.149
199	Yes	1.2757...	0.3527...	-0.9229744168126561	0.20234833...	-4.561
13	Yes	1.1148	0.2832...	-0.8315157591884398	0.19305411...	-4.307
98	Yes	1.1223...	0.3448...	-0.7774765706542672	0.21423753...	-3.629
265	Yes	1.0872...	0.3258...	-0.7614011768480196	0.18435348...	-4.130
72	Yes	1.0434...	0.2993...	-0.7440812439933822	0.17125027...	-4.344
9	Yes	1.1467...	0.4458...	-0.7009102262187642	0.34709941...	-2.019
45	Yes	0.9736...	0.3719...	-0.6016604388312006	0.55139576...	-1.091
214	Yes	0.8694...	0.3073...	-0.562033702213292	0.17747658...	-3.166
112	Yes	0.8370...	0.3345...	-0.5025897912994342	0.19374027...	-2.594
232	Yes	0.9052...	0.4199...	-0.48528938186001...	0.23712364...	-2.046
202	Yes	0.7610...	0.2886...	-0.47242198302053...	0.16368474...	-2.886
298	Yes	0.8835...	0.4330...	-0.4504787684570299	0.24884283...	-1.810
289	Yes	0.9570...	0.5250...	-0.43198764994510...	0.31262621...	-1.381
170	Yes	0.7457...	0.3145...	-0.43121063999621...	0.17961603...	-2.400
162	Yes	0.8282...	0.4004...	-0.427785571352534	0.24764045...	-1.727
257	Yes	0.7461...	0.3298...	-0.416305528269601	0.19028837...	-2.187
306	Yes	0.8174...	0.4023...	-0.415062140212992	0.22743951...	-1.824
79	Yes	0.7520...	0.3676...	-0.3844380241905577	0.20657943...	-1.860
237	Yes	0.7661...	0.3833...	-0.38278118564157...	0.21743601...	-1.760
318	Yes	0.8753...	0.4942...	-0.3811818464302233	0.28776947...	-1.324
4	Yes	0.6287...	0.2594...	-0.3693312581760986	0.14881353...	-2.481
328	Yes	0.6794...	0.3111...	-0.36835209794098...	0.17829783...	-2.065
94	Yes	0.6925...	0.3407...	-0.35180039451696...	0.19966440...	-1.761
39	Yes	0.4739...	0.1231...	-0.35075498431812...	0.12219692...	-2.870
229	Yes	0.6611...	0.3346...	-0.3265742995070966	0.19158850...	-1.704
226	Yes	0.6952...	0.3710...	-0.3242636747708905	0.21000066...	-1.544
187	Yes	0.6197...	0.2966...	-0.32308490355797...	0.17402772...	-1.856
200	Yes	0.6231...	0.3077...	-0.3154846971856244	0.17678698...	-1.784
174	Yes	0.6967...	0.4024...	-0.29430190360756...	0.23580524...	-1.248
240	Yes	0.5836...	0.2994...	-0.28418529865577...	0.17124136...	-1.659
140	Yes	0.6054...	0.3240...	-0.2814088048399025	0.19525432...	-1.441
32	Yes	0.4395...	0.1598...	-0.27965059303083...	0.12068175...	-2.317

图 2.37　333 口井渗透率数据泛克里金插值交叉验证

利用 ArcMap 软件采用泛克里金插值法最终生成了 6 个储层评价基础参数数据的面状分布图（图 2.38～图 2.43）。

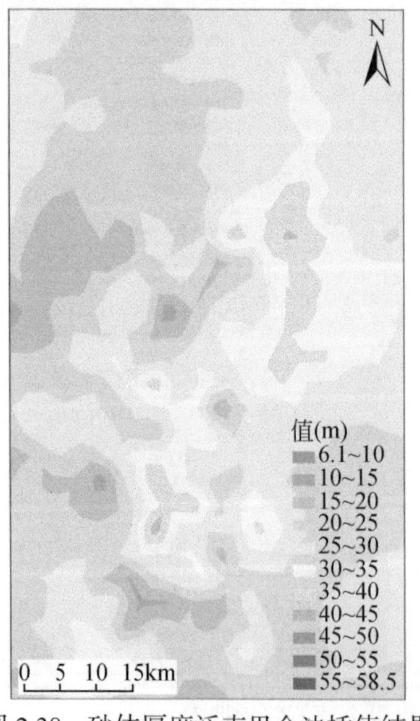

图 2.38　砂体厚度泛克里金法插值结果

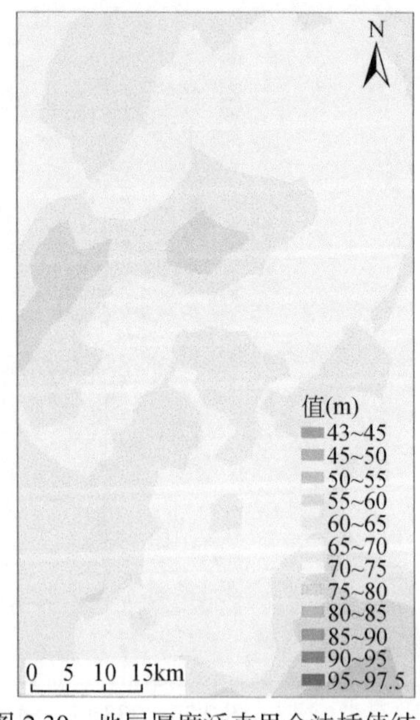

图 2.39　地层厚度泛克里金法插值结果

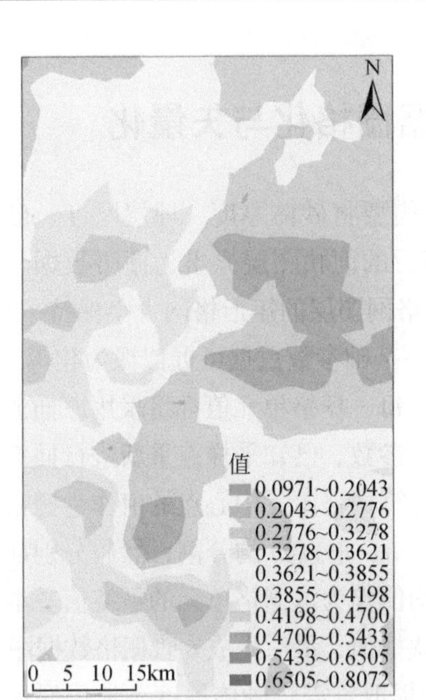

图 2.40 砂地比泛克里金法插值结果

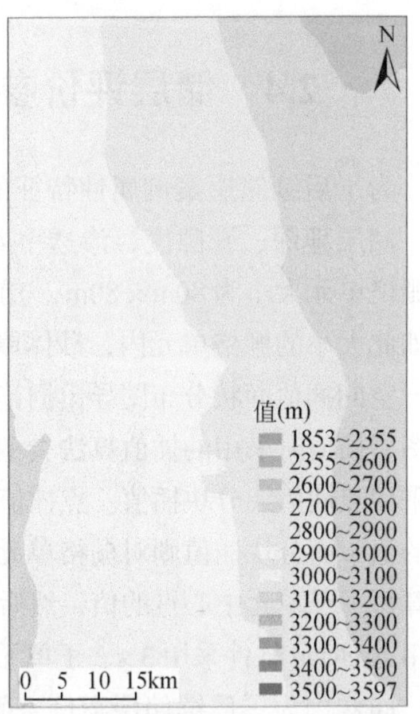

图 2.41 储层埋深泛克里金法插值结果

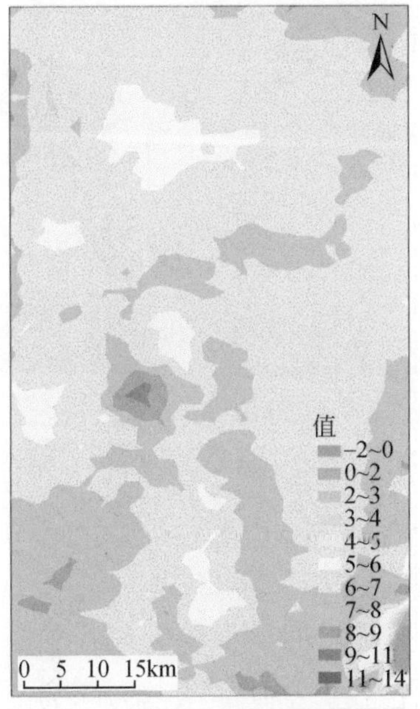

图 2.42 孔隙度泛克里金法插值结果

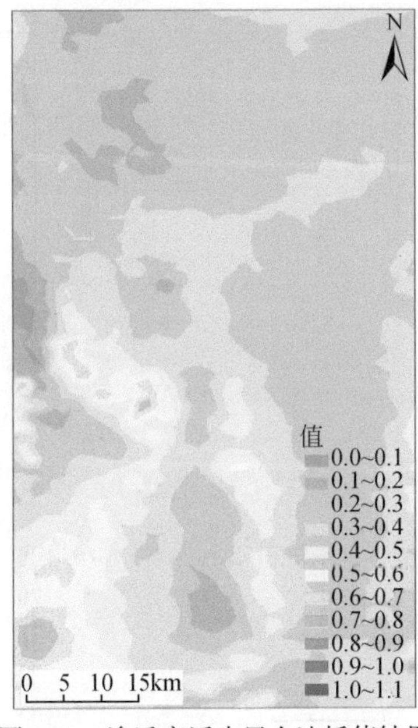

图 2.43 渗透率泛克里金法插值结果

2.4　储层评价参数数据栅格化与矢量化

为了后续储层案例属性特征的提取，需要将砂体厚度、地层厚度、砂地比、储层埋深、孔隙度、渗透率 6 个插值后的面状图层导出为栅格数据，导出栅格单元大小为 80m × 80m，与前述矢量格网图层的矩形格网大小保持一致，在如此大小的栅格单元内，砂体厚度等每一基础参数数据可近似视为相等。

空间插值面状分布图导出栅格数据时，每一栅格单元值都将采用原插值生成图层插值时采用的插值算法类型、模型、参数、已知采样点重新进行插值，可采用点插值或分块插值。点插值即插值计算栅格单元中心点的值作为栅格单元的值，而分块插值则对栅格单元进行水平 n、垂直 m 的分割，然后分别插值计算每一子单元中心点的值，然后求取平均值作为该栅格单元的最终值。本书使用 ArcMap 软件采用 3 × 3 子单元进行分块插值，最后生成 6 张栅格数据图。

同样，为了后续储层案例空间特征的提取，需将砂体厚度、地层厚度、砂体比、储层埋深、孔隙度、渗透率 6 个插值后的面状图层导出为矢量等值线和矢量面状等值线要素数据。各储层评价基础参数等值线分类间隔值的设定依各数据的分布情况而定，如砂体厚度数据间隔为 5m；评价参数数据间隔

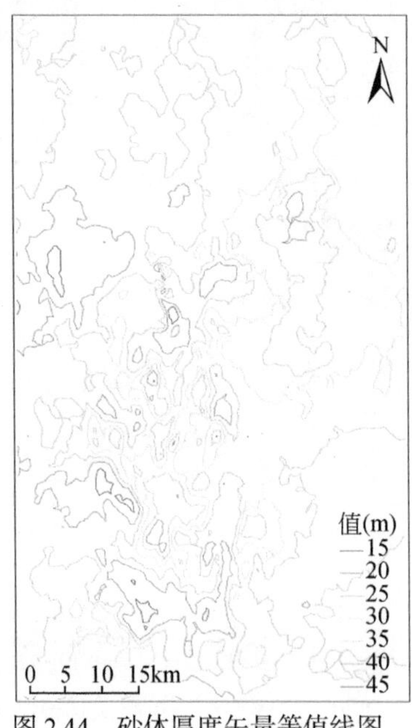

图 2.44　砂体厚度矢量等值线图

图 2.45　地层厚度矢量等值线图

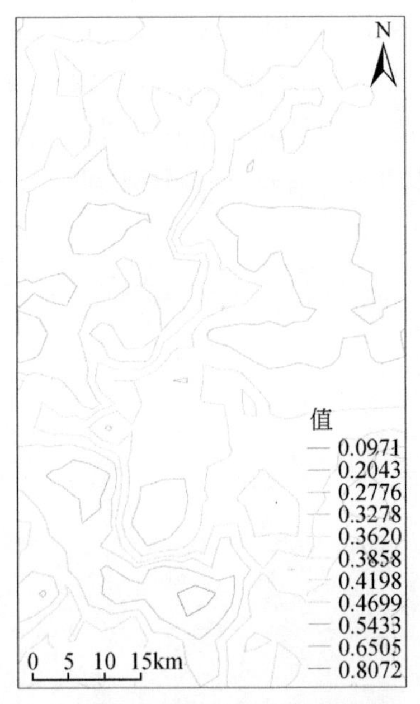

图 2.46　砂地比矢量等值线图

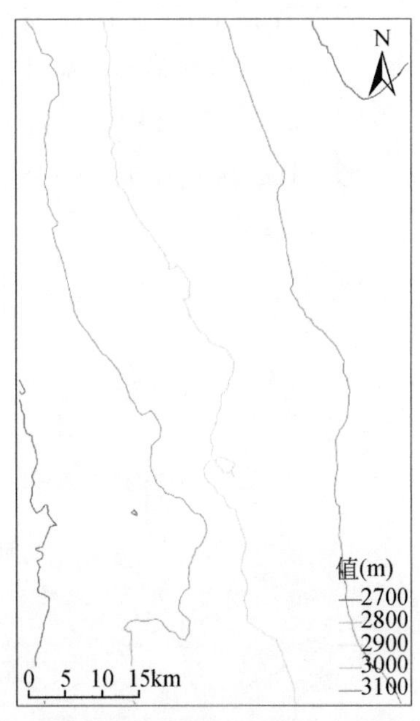

图 2.47　储层埋深矢量等值线图

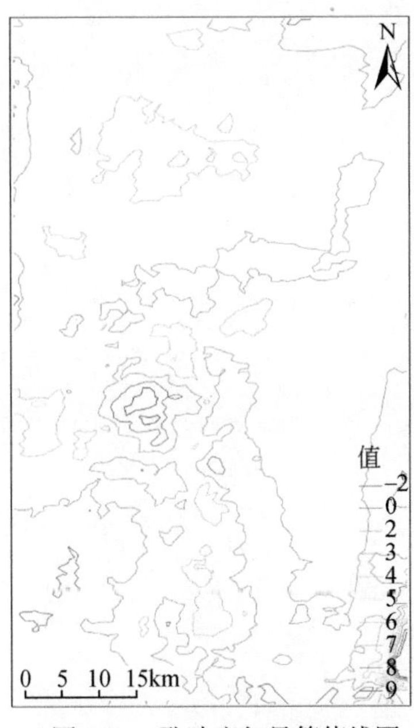

图 2.48　孔隙度矢量等值线图

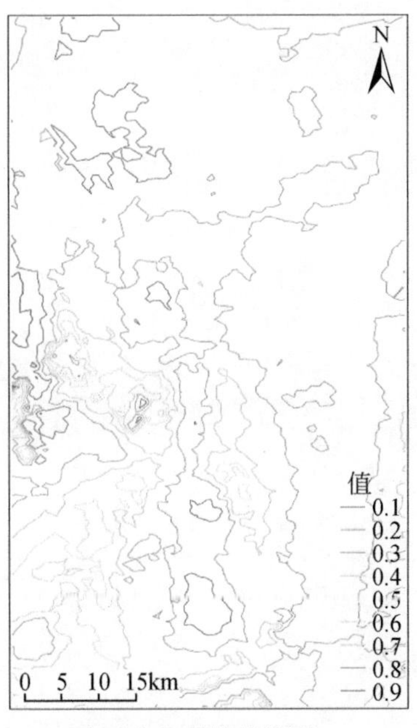

图 2.49　渗透率矢量等值线图

的设置并非要等间距设定，可视情况而定。使用 ArcMap 软件针对 6 个储层评价基础参数最终分别生成了 6 个矢量等值线和矢量面状等值线要素图层。图 2.44 ～图 2.49 是生成的 6 个矢量等值线图层，矢量面状等值线图层与其外形一样，区别在于，一个要素类型是面（多边形），一个要素类型是线。

第3章　储层空间案例推理模型与储层评价

作为一种人工智能方法，案例推理从历史案例中获得针对新问题的解决方案。其推理流程可归结为检索、重用、修正、入库4个部分（图3.1）。给定一个新的待求解案例，首先，计算新案例与案例库中每一历史案例的属性特征相似度值。其次，根据重用策略获取历史案例的解决方案作为新案例的解决方案，如根据相似度最大值获取历史案例解决方案并重用于新案例；根据K-近邻法获取历史案例解决方案并重用于新案例。第三，如果新案例获得的方案不合适，可根据领域知识对解决方案进行修正。最后，选取有代表性的已获得解决方案的新案例（包括直接重用和修正得解的新案例）将其放入案例库中，以便扩充案例库。从推理流程可以看出，案例推理直接、简便，并且具有自学习特征。

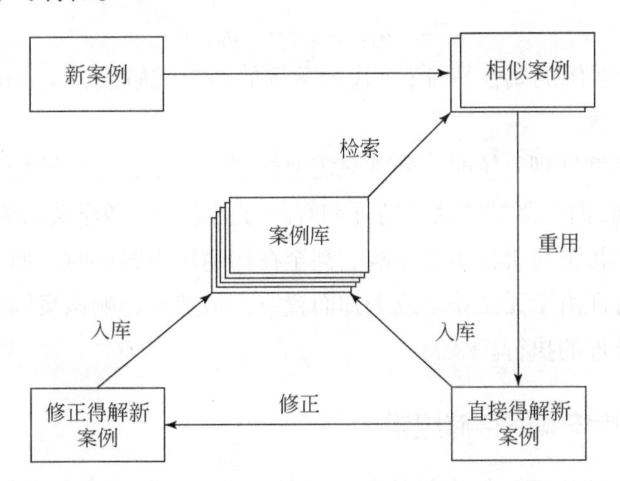

图3.1　案例推理简化流程（据 Aamodt and Plaza，1994；Watson and Marir，1994，有修改）

3.1　传统案例推理模型

追根溯源，案例推理一般是针对非地学空间问题的，通常称之为传统案例推理。传统案例推理模型一般由案例表达模型、案例存储组织和案例检索模型 3 个部分组成。图 3.2 表达了传统案例推理在大部分应用领域中的一般工作流程。

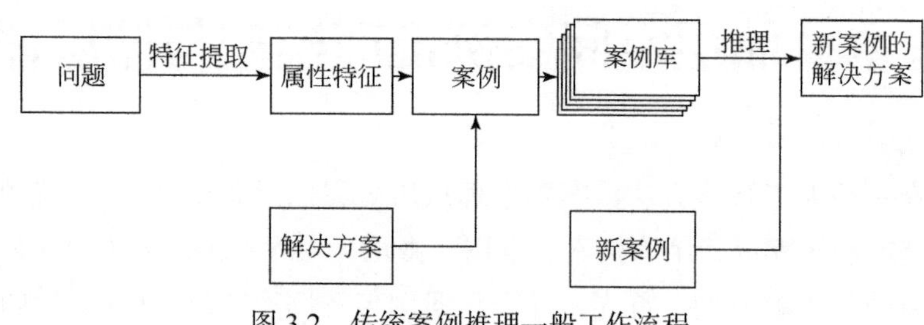

图 3.2　传统案例推理一般工作流程

3.1.1　传统案例表达模型

在传统案例推理中，案例是其基本单元，每一案例都隐含着所对应问题的影响因素和解决方案之间的对应关系，但这种隐含关系并没有以数学关系表达式的方式表征。一个案例由属性特征和解决方案来表达，其表达式可描述为

$$C=(a_1, a_2, \cdots, a_n, r) \tag{3.1}$$

式中，a 代表案例的属性特征；r 代表案例的结果或解决方案；n 代表案例中属性特征的总数。

在构建案例推理系统时，通常只需要构建一个个包含属性特征和解决方案的历史案例，而无需知晓属性特征和解决方案之间的数学关系或规则。而且，属性特征之间相关与否也不受影响。甚至在构建历史案例时，如果部分案例的部分属性特征由于无法获取或未知而置空，依然不影响该案例解决方案的确定和案例推理的执行。

3.1.2　传统案例存储组织

为了使案例推理能够高效执行，通常需要对案例库和新案例集进行良好的存储组织。所采用的案例存储组织方法需要有效支持对案例及其所包含属性特征的高效查询和检索。无论是采用数据库系统还是文件系统进行案例的存储，除了应用数据库系统或文件系统比较成熟有效的存储方法之外，还需要针对不同问题所对应的案例，对案例进行内部的良好组织。例如，针对数据库系统存储，构建良好的实体 - 关系模型，对案例相关的各种数据库表构建唯一索引、分块索引、聚簇索引等。

案例推理具有自学习特征，对于一个案例推理应用系统，如果它长期运行并不断有已获得解决方案的案例加入案例库，针对一个新案例，对其解决方案的获取（包括查询、检索、相似性计算等）也将耗时越来长。如果对其案例进行良好的组织，一方面可以使新案例求解的时长相对稳定，另一方面也能确保案例推理系统可以有效运行。

3.1.3　传统案例检索模型

案例推理的核心思想是相似的问题具有相似的解。案例推理通过检索案例库中与待求新案例相似的历史案例而获得新案例的解决方案。案例检索的核心是比较新案例的属性特征与案例库中每一历史案例的属性特征相似度值。常用的相似性测度方法有：最近邻、归纳、知识导引、模板检索等，这些方法可以单独或组合使用（Watson and Marir，1994）。其中，由于最近邻法直观、简单而被广泛应用（Kolodner，1993；Li and Liu，2006；Chen *et al.*，2010；He *et al.*，2012）。应用最近邻法时，案例的每一属性特征都将赋予一定的权重，因为不同的属性特征对两个案例的相似性测度的贡献是不同的。式（3.2）是一种典型的最近邻计算方法（Watson and Marir，1994）。

$$S = \frac{\sum_{i=1}^{n} \mathrm{sim}(f_i^u, f_i^h) \times w_i}{\sum_{i=1}^{n} w_i} \tag{3.2}$$

式中，sim 是相似度计算函数；f_i^u 和 f_i^h 分别是新案例和历史案例中属性特征 i 的值；w 是属性特征的权重；n 是案例中属性特征的总数；S 代表新案例和某一历史案例的总体相似度值。

当相似性测度计算完成后，新案例将通过重用策略从相似历史案例中获得解决方案。例如，如果采用最大值策略，与新案例相似度值最大的历史案例的解决方案将重用于新案例并成为新案例的解决方案。当然，如果新案例获得的方案不合适，可根据领域知识对解决方案进行修正。

需要说明的是，案例推理实际上采用的是部分匹配或近似匹配，因为案例库中一般没有和新案例完全一样的历史案例，而且有些案例的属性特征可能是空的。但这依然不会影响案例推理的执行。

3.2　储层空间案例推理模型

与传统案例推理只针对属性特征不同，储层空间案例推理针对属性特征与空间特征，本书研究确立的储层案例表达模型、储层案例推理模型及储层案例特征权重的确定方法与传统案例推理显著不同。

3.2.1　储层案例空间特征与属性特征一体化表达模型

为了构建储层案例，对油气储层待评价区域进行规则格网划分，生成一个矢量格网图层，图层中每一要素为一个规则矩形格网单元，其即为储层案例表达对象；其中，格网大小以每一储层评价基础参数数据属性值在格网内近似相等为依据。而储层评价基础参数通常有数十项之多，包括地质与地球物理参数，其中，有些是原始数据（如砂体厚度），有些是领域专家深加工后的衍生数据（如沉积相，其需要领域专家通过大量领域知识和地质资料方可确定，且其平面分图无法通过一般空间插值方法而得到）。为了充分体现空间案例推理模型的优势和简单性，案例推理时舍弃了衍生数据，仅采用易于获取的原始数据进行推理并实现储层综合评价。

针对储层待评价区域，对包含所选原始基础参数的油气钻井点数据进行空间插值，生成各自的面状分布图并导出为栅格分布图，通过空间叠加使矢量格网图层中每一格网单元获得各基础参数数值，这些数值即成为格网（案例表达对象）的属性特征值。

而空间特征的获取，在矢量格网图层与各基础参数面状分布图导出的线状等值线图和面状等值线图之间进行。空间特征的获取主要是空间关系特征的提取（图 3.3）。

图 3.3 中，A、B、C 代表矢量格网图层中的三个格网单元。L_1、L_2、L_3 代表某一储层评价基础参数（如砂体厚度）对应的矢量线状等值线图中的等值线。P_1、P_2、P_3、P_4 代表某一储层评价基础参数对应的矢量面状等值线图中的等值线多边形。事实上，此二者是同形异类。v_1、v_2、v_3 代表等值线值。d_{A1}、d_{A2}、d_{A3} 代表格网单元 A 的中心点分别到等值线 L_1、L_2、L_3 的最短距离；d_{B1}、d_{B2}、d_{B3}、d_{C1}、d_{C2}、d_{C3} 含义同此。

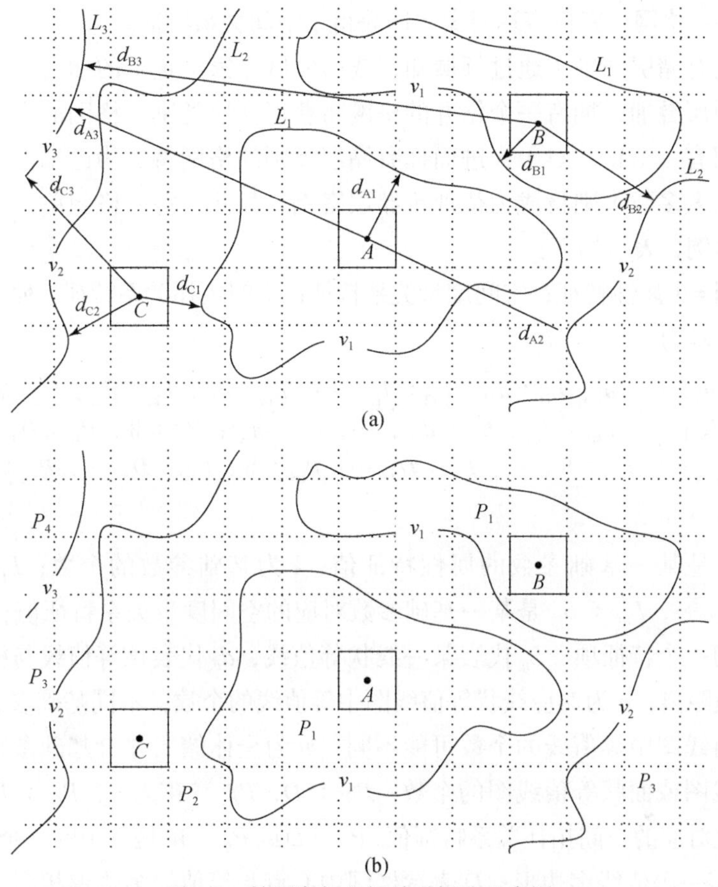

图 3.3　储层案例空间关系提取示意图

空间关系隐含在上述矢量图层中。本书研究确定的提取方法如下。①空间度量关系：计算每一格网单元中心点到全部储层评价基础参数对应的各矢量线状等值线图中的所有等值线的最短距离，并按基础参数分别记录。由于相对储层待评价区域而言，格网单元划分的尺度很小，在提取空间关系时，可以以格网中心点代替格网。②空间方位关系：由于等值线或等值线多边形，甚至地质构造中的断层、不整合及古隆起针对格网单元的方位关系，对于两个案例相似性测度的结果没有意义，因此将空间方位关系舍弃。③空间拓扑关系：在拓扑关系提取时，选取了对案例推理有价值的被包含（within）、相交（intersect）及相离（disjoint）3 种拓扑关系。拓扑关系的确定方式为：检查每一格网单元中心点与全部储层评价基础参数对应的各矢量面状等值线图中的所有等值线多边形的被包含与相交、相离关系，并按基础参数分别记录。

如此，每一格网（案例表达对象）即获得了空间关系特征。

将拥有储层类别（通过领域知识或由领域专家确定）的油气钻井点图层与格网图层叠加，拥有一个钻井的格网将获得储层类别（格网的大小通常使得其仅拥有一个钻井点），进而拥有储层类别的格网将成为已知储层案例，而其他（大多数）则将成为待评价储层案例。如此，每一格网单元即对应一个储层案例，表示如下：

储层案例 =（属性特征；空间度量关系特征；空间拓扑关系特征；储层类别）

具体可表示为

$$C=(a_1,\ a_2,\ \cdots,\ a_k;\ L_{11}:d_{11},\ L_{12}:d_{12},\ \cdots,\ L_{1n}:d_{1n};\ L_{21}:d_{21},\ L_{22}:d_{22},\ \cdots,\ L_{2n}:d_{2n};\ \cdots;\ L_{m1}:d_{m1},\ L_{m2}:d_{m2},\ \cdots,\ L_{mn}:d_{mn};\ P_{11}:W,\ P_{12}:D,\ \cdots,\ P_{1q}:D;\ P_{21}:D,\ P_{22}:W,\ \cdots,\ P_{2q}:D;\ \cdots;\ P_{m1}:W,\ P_{m2}:D,\ \cdots,\ P_{mq}:W;\ RC) \tag{3.3}$$

式中，a_i 是某一基础参数的属性特征值；k 为基础参数的个数；$L_{i1}:d_{i1}$，$L_{i2}:d_{i2}$，…，$L_{in}:d_{in}$ 是某一基础参数对应的空间度量关系特征值；$L_{ij}:d_{ij}$ 是其中的一个特征项，L_{ij} 代表某一线状等值线，d_{ij} 代表该等值线与格网中心点的最短距离；n 为对应线状等值线图中等值线的个数，不同基础参数对应的线状等值线图中等值线的个数可能不同；m 为全体储层评价基础参数对应线状等值线图或面状等值线图的个数；$P_{i1}:D$，$P_{i2}:W$，…，$P_{iq}:D$ 是某一基础参数对应的空间拓扑关系特征值，$P_{ij}:D$ 或 $P_{ij}:W$ 是其中的一个特征项；P_{ij} 代表某一等值线多边形；D 表示格网中心点与等值线多边形相离；W 表示格网中心点与等值线多边形被包含或相交；q 为对应面状等值线图中等值线多边形的个数，不同基础参数对应的面状等值线图中等值线多边形的个数可能不同；RC 是储层类别，对于待评价储层案例其值为空。

3.2.2 储层案例空间相似性与属性相似性联合测度推理模型

与传统案例推理针对属性特征进行相似性推理不同，储层空间案例推理针对属性特征与空间特征进行联合测度推理。推理时，对待评价储层案例集中的每一待评价储层案例依据空间相似性和属性相似性从储层案例库中寻找相似度值最高的储层案例，将其储层类别赋予待评价储层案例。对所有待评价储层案例执行这一过程，从而使每一待评价储层案例获得储层类别。推理示意见图 3.4。需要说明的是，储层空间案例推理是针对某一待评价区域的所有待评价储层案例自动进行储层类别的评价或推测，因此，推理过程不关注如下两点：①储层类别修正，即不再分析待评价储层案例重用相似储层案例的储层类别是否合理。②典型得解新储层案例入库，即待评价储层案例获得储层类别后不再从中选取典型的案例加入案例库中。

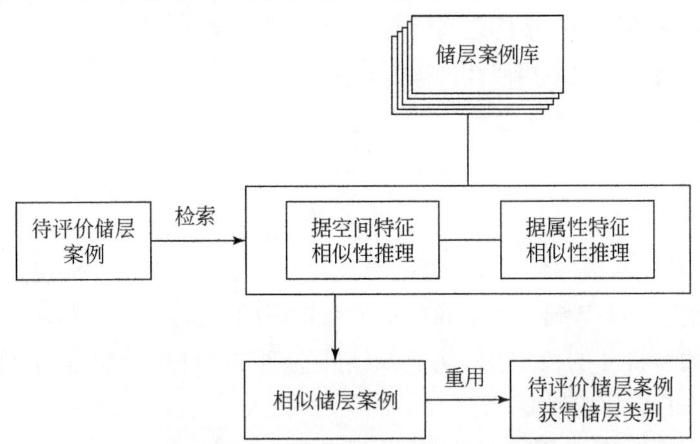

图 3.4　储层案例空间相似性与属性相似性联合测度推理示意图

本书研究提出的储层空间案例推理原理详述如下。

（1）属性相似性推理公式为

$$s_a = \frac{\sum_{i=1}^{m} \frac{v_i^h}{v_i^u} w_i}{\sum_{i=1}^{m} w_i} \qquad 如果\frac{v_i^h}{v_i^u} > 1，则\frac{v_i^h}{v_i^u} = \frac{v_i^u}{v_i^h} \tag{3.4}$$

式中，i 指某一基础参数对应的属性特征项，m 为基础参数总项数，v_i^h 指已知储层案例第 i 个基础参数属性特征值，v_i^u 指待评价储层案例第 i 个属性特征值，w_i 指第 i 个基础参数属性特征项的权重，s_a 为已知储层案例与待评价储层案例之间的属性相似度。

（2）空间度量关系相似性推理公式为

$$s_k^d = \frac{\sum_{j=1}^{n} \frac{d_j^h}{d_j^u} w_j^x}{\sum_{j=1}^{n} w_j^y} \qquad 如果\frac{d_j^h}{d_j^u} > 1，则\frac{d_j^h}{d_j^u} = \frac{d_j^u}{d_j^h} \tag{3.5}$$

式中，k 指某一基础参数，j 指 k 基础参数空间度量关系特征中的一项，n 为总项数；d_j^h 指已知储层案例 k 基础参数空间度量关系特征中第 j 个项的值，d_j^u 指待评价储层案例对应的第 j 个项的值，w_j^x 是指已知储层案例 k 基础参数空间度量关系特征中第 j 个项的权重 w_j^h 与待评价储层案例对应的第 j 个项的权重 w_j^u 中较小的一个；w_j^y 的取值依据是，比较已知储层案例 k 基础参数空间度量关系特征中所有 n 个项的权重 w_j^h 之和与待评价储层案例对应的 n 个项的权重 w_j^u 之和，如果前者大，则 w_j^y 全部取 w_j^h，否则全部取 w_j^u；s_k^d 为已知储层案例和待评价储层案例之间针对 k 基础参数空间度量关系特征的相似度。

总的空间度量关系相似性推理公式为

$$s_d = \frac{\sum_{k=1}^{m} s_k^d w_k^d}{\sum_{k=1}^{m} w_k^d} \tag{3.6}$$

式中，k 指某一基础参数，m 为基础参数的总项数；s_k^d 为已知储层案例和待评价储层案例之间 k 基础参数空间度量关系特征的相似度，w_k^d 为对应基础参数空间度量关系特征的权重，s_d 为已知储层案例和待评价储层案例之间空间度量关系特征的综合相似度。

（3）空间拓扑关系相似性推理公式为

$$s_k^t = \frac{\sum_{i=1}^{p} t_i^w \frac{w_w}{p} + \sum_{j=1}^{q} t_j^d \frac{w_d}{q}}{w_w + w_d} \tag{3.7}$$

式中，k 指某一基础参数，i、j 指 k 基础参数空间拓扑关系特征中的一项，p 为相对已知储层案例或待评价储层案例而言被包含及相交关系总项数，q 为相离关系总项数；t_i^w 指已知储层案例 k 基础参数空间拓扑关系特征中被包含及相交关系项中的第 i 项与待评价储层案例对应顺序的第 i 项的比值，通常取值为 1 或 0，取 1 时，指已知储层案例和待评价储层案例都是被包含及相交关系；取 0 时，指已知储层案例是被包含及相交关系，而待评价储层案例为相离关系；t_j^d 指已知储层案例 k 基础参数空间拓扑关系特征中相离关系项中的第 j 项与待评价储层案例对应顺序的第 j 项的比值，通常取值为 1 或 0，取 1 时，指已知储层案例和待评价储层案例都是相离关系；取 0 时，指已知储层案例是相离关系，而待评价案例为被包含及相交关系；w_w 指储层案例 k 基础参数空间拓扑关系特征中被包含及相交关系项的总权重，w_d 指储层案例对应空间拓扑关系特征中相离关系项的总权重；s_k^t 为已知储层案例和待评价储层案例之间针对 k 基础参数空间拓扑关系特征的相似度。

总的空间拓扑关系相似性推理公式为

$$s_t = \frac{\sum_{k=1}^{m} s_k^t w_k^t}{\sum_{k=1}^{m} w_k^t} \tag{3.8}$$

式中，k 指某一基础参数，m 为基础参数的总项数；s_k^t 为已知储层案例和待评价储层案例之间 k 基础参数空间拓扑关系特征的相似度，w_k^t 为对应基础参数空间拓扑关系特征的权重，s_t 为已知储层案例和待评价储层案例之间空间拓扑关系特征的综合相似度。

（4）空间关系综合相似性推理公式为

$$s_s = \frac{\sum_{i=1}^{2} s_i^s w_i^s}{\sum_{i=1}^{2} w_i^s} \tag{3.9}$$

式中，i 指空间度量、拓扑关系项；s_i^s 为已知储层案例和待评价储层案例之间某一空间关系特征的综合相似度；w_i^s 为对应空间关系特征的权重；s_s 为已知储层案例和待评价储层案例之间空间关系特征的最终相似度。

（5）属性相似性与空间相似性联合推理公式为

$$s = \frac{\sum_{j=1}^{2} s_j w_j}{\sum_{j=1}^{2} w_j} \tag{3.10}$$

式中，j 指属性或空间关系项；s_j 为已知储层案例和待评价储层案例之间属性特征或空间关系特征的相似度；w_j 为对应的属性特征或空间关系特征的权重；s 为已知储层案例和待评价储层案例之间的最终相似度。

所有相似度值都介于 0 ～ 1。

另外，在储层空间案例推理模型分类上，可进一步分为如下 6 种推理模式。

（1）属性相似性推理（Attribute Similarity Reasoning，ASR），具体模型见上述。

（2）空间相似性推理（Spatial Similarity Reasoning，SSR），具体模型见上述。

（3）属性相似性与空间相似性联合推理（Attribute and Spatial Similarity Integrated Reasoning，ASSR），具体模型见上述。

（4）扩展属性相似性与空间相似性联合推理（Extended Attribute and Spatial Similarity Integrated Reasoning，ExASSR），模型构建思想为：针对每

一待评价储层案例，先分别进行属性相似性推理和空间相似性推理，然后比较二者返回的最优结果对应的储层类别是否一致，如果一致直接返回二者之一的推理结果（可灵活设置），如果不一致，则对该待评价案例再次执行属性相似性与空间相似性联合推理，并直接返回结果。因为，从理论而言，针对某一待评价储层案例，如果属性相似性推理与空间相似性推理得到相同的结果，则通常说明此待评价案例的结果与推理获得的结果非常相似。如果推理结果不同，则采用既考虑属性特征又考虑空间特征的属性相似性与空间相似性联合推理模型，并返回结果。

（5）先属性相似性后空间相似性推理（First Attribute Last Spatial Similarity Reasoning，FALSSR），模型构建思想为：针对每一待评价储层案例，先进行属性相似性推理，对按相似度值降序排列返回的推理结果集，再次进行空间相似性推理，推理时，已知储层案例的选取从属性相似性推理返回的推理结果中根据相似度值由大到小选取，直到个数达到预设的阈值，而不是与整个储层案例库中的储层案例进行相似性测度。此模型意在进行二次优选，但阈值的设定需要通过实验确定。

（6）先空间相似性后属性相似性推理（First Spatial Last Attribute Similarity Reasoning，FSLASR），模型构建思想为针对每一待评价储层案例，先进行空间相似性推理，对按相似度值降序排列返回的推理结果集，再次进行属性相似性推理，推理时，已知储层案例的选取从空间相似性推理返回的推理结果中根据相似度值由大到小选取，直到个数达到预设的阈值，而不是与整个储层案例库中的储层案例进行相似性测度。同样，此模型意在进行二次优选，但阈值的设定需要通过实验确定。

进一步，由于储层案例推理模型推理返回的结果集是按相似度降序排列的，如此就可以采用类似 K-近邻的方式对返回结果集再次做类 K-近邻运算，从中找出储层分类一致个数最多的储层类别作为待评价储层案例的最终储层类别。如 K 取 5、10、15 等，可称之为 K-近邻系列案例推理，计有另 6 种推理模式：

（7）K-近邻属性相似性推理（K-Nearest-Neighbor Attribute Similarity Reasoning，K-NN-ASR）；

（8）K-近邻空间相似性推理（K-Nearest-Neighbor Spatial Similarity Reasoning，K-NN-SSR）；

（9）K-近邻属性相似性与空间相似性联合推理（K-Nearest-Neighbor

Attribute and Spatial Similarity Integrated Reasoning，K-NN-ASSR）；

（10）K-近邻扩展属性相似性与空间相似性联合推理（K-Nearest-Neighbor Extended Attribute and Spatial Similarity Integrated Reasoning, K-NN-ExASSR）;

（11）K-近邻先属性相似性后空间相似性推理（K-Nearest-Neighbor First Attribute Last Spatial Similarity Reasoning，K-NN-FALSSR）；

（12）K-近邻先空间相似性后属性相似性推理（K-Nearest-Neighbor First Spatial Last Attribute Similarity Reasoning，K-NN-FSLASR）。

3.2.3　储层案例空间特征与属性特征权重的确立方法

在推理执行前，需对储层案例的空间特征与属性特征设置权重。权重的设置采用层次分析法（Analytic Hierarchy Process，AHP；Saaty，1977）及其他结合数学的方法。层次分析法是一种定性与定量相结合的方法，给定一个决策目标和一组候选方案，每一方案又关联着一组如何达成目标的影响因素，通过计算，每一方案最终能被量化并给定一个相对其他方案而言对决策目标相对重要性的权重。其方法流程可概括为：①构建问题的递阶层次模型；②创建成对比较矩阵；③计算权重，并进行一致性检验；④根据情况计算总权重，并进行层次总排序的一致性检验。

具体的权重设置方法如下。

（1）属性相似性推理时，案例属性特征权重的确立采用层次分析法。储层评价基础参数的重要性排序由领域专家或通过领域知识确定。

（2）空间度量关系相似性推理时，储层案例中某一基础参数空间度量关系特征中第 i 个子项的权重采用如下方式确立。

以砂体厚度为例，针对储层案例最近等值线所对应的空间度量关系特征子项，其所对应的度量值（对应格网中心点到对应砂体厚度等值线的最短距离）独自赋予很高的权重，可设值≥ 0.5（经验值）；最近等值线是指储层案例所在的格网中心点砂体厚度属性特征数据值与砂体厚度线状等值线数值最接近的等值线。其他与砂体厚度等值线数值非最接近的等值线所对应的子项中的度量值，对空间度量关系特征子项按等值线数值由小到大排序后，以最接近的子项（度量值最小）为中心，由近及远对称地分别获取“指定的大值”到“指定的小值”之间的权重值，具体视子项的个数通过等比数列动态计算赋予，这些度量值项获得的权重总和可能≥ 0.5。等比数列公式通常表示为

$$a_n = a_1 q^{n-1} \tag{3.11}$$

式中，a_1 为数列的第一项；q 为公比；n 表示数列的总项数；a_n 为数列的第 n 项。

例如，度量值最小的项独自赋予 0.5 的权重，其他非最小值项由近及远在 0.2 ～ 0.01（经验值）之间取值。由等比数列公式得

$$0.2 = 0.01 q^{n-1}$$

可求出任意 n 值时的 q，然后，据此公式可求出这些非最小值项的权重 w_1，w_2，…，w_n，此即为非最小值项最终参与度量关系相似性测度时的权值；另外，非最小值项的权重也可通过等差数列动态计算赋予，可视实验结果选择其一。

如此设置权重，从语义上确保了当已知储层案例和待评价储层案例针对砂体厚度等某一基础参数空间度量关系特征很相似时，其储层案例储层类别很可能具有很高的相似性。反之则不然。意在体现语义空间度量关系的相似性。

而总的空间度量关系相似性推理时，不同基础参数空间度量关系特征的权重采用层次分析法确立，也可根据经验设置，一般可设置均等的权重。

（3）空间拓扑关系相似性推理时，储层案例中砂体厚度等某一基础参数空间拓扑关系特征中被包含及相交关系项的总权重以及储层案例中砂体厚度等某一基础参数空间拓扑关系特征中相离关系项的总权重可根据经验设置，如前者通常≥ 0.6，后者通常≤ 0.4。

如此设置权重，意在表明，当已知储层案例和待评价储层案例针对砂体厚度等某一基础参数空间拓扑关系特征中有一致的被包含及相交关系项时，其储层案例储层类别可能具有一定的相似性，权重值可以设置较大（所有被包含及相交关系项的权重均等）；当已知储层案例和待评价储层案例针对砂体厚度等某一基础参数空间拓扑关系特征中有一致的相离关系项时，其储层案例储层类别可能具有相似性，但相似性不高，权重值可以设置较小（所有相离关系项的权重均等）。反之则不然。此意在体现语义空间拓扑关系的相似性。

而总的空间拓扑关系相似性推理时，不同基础参数空间拓扑关系特征的权重采用层次分析法确立，也可根据经验设置，一般可设置均等的权重。

（4）空间关系综合相似性推理时，空间度量、方位、拓扑关系项的权重采用层次分析法确立，一般重要性排序为：度量 > 方位 > 拓扑。

（5）属性相似性与空间相似性联合推理时，属性特征、空间关系特征项的权重采用层次分析法确立，也可根据经验设置，属性项权重可设置: 0.5 ～ 0.7，空间关系项权重可设置：0.3 ～ 0.5。

3.3　模型评价指标

储层空间案例推理模型推理结果的优劣需要通过评价指标进行判定。

本书采用的第一种模型评价指标是广泛使用的精度指标，即通常所说的准确率或正确率，它一般表示为验证正确的数量与验证总数的比值，公式如下

$$a = \frac{c}{n} \tag{3.12}$$

式中，c 代表验证正确的数量；n 代表验证总数；a 为精度。

本书采用的第二种模型评价指标是来自机器学习、统计学领域的指标：Recall（召回率）、Precision（精确率）、F-Measure（周志华，2016），这些指标能够更加细致、有效的评价模型推理或预测的效果。为了有效使用这些指标，首先需要对推理或预测结果构建一个二分类混淆矩阵，如表 3.1 所示。

表 3.1　预测类别二分类混淆矩阵

		真实类别	
		正类	负类
预测类别	正类	TP	FP
	负类	FN	TN

表 3.1 含义如下。

TP（True Positives）表示：在验证数据中，真实类别为正类，在预测结果中也是正类的个数。

FP（False Positives）表示：在验证数据中，真实类别为负类，在预测结果中是正类的个数。

FN（False Negatives）表示：在验证数据中，真实类别为正类，在预测结果中是负类的个数。

TN（True Negatives）表示：在验证数据中，真实类别为负类，在预测结果中也是负类的个数。

在指标计算时，Recall 计算公式如下

$$R = \frac{TP}{TP + FN} \tag{3.13}$$

它表示预测结果中的正类占所有应该预测到的正类的比例。

Precision 计算公式如下

$$P = \frac{TP}{TP + FP} \tag{3.14}$$

它表示预测结果中的正类占所有预测为正类的比例。

R 和 P 都介于 0~1，通常希望预测结果中 R 和 P 都越高越好，但有些情况下二者又是相互矛盾的，例如，预测结果中仅得到一个正类，且是正确的，那么 P 就是 1，但此时 R 往往很低；如果把所有正类的结果都返回（包括正确的和负类预测为正类的），那么 R 必定为 1，但此时 P 往往很低。此时就需要用到综合评价指标：F-Measure，它是 Precision 和 Recall 的加权调和平均

$$F = \frac{(\alpha^2 + 1)PR}{\alpha^2(P + R)} \tag{3.15}$$

当参数 α=1 时，F-Measure 即为通常使用的 F1 评价指标，即

$$F1 = \frac{2PR}{P + R} \tag{3.16}$$

F-Measure 的值介于 0~1，它综合了 P 和 R 的结果，当其较高时则说明预测结果是比较理想的。

需要说明的是，当使用上述指标对多分类问题进行评价时，若针对某一类进行评价，则将此类视为正类，其他类都视为负类，即可获得上述评价指标的值。

3.4　储层评价实验

3.4.1　储层案例的构建

在 GIS 软件中，对研究区域进行规则格网划分，并生成一个矢量格网图层。格网单元的大小为 80m × 80m，根据领域知识，此尺度下每一储层评价基础参数数据属性值在格网内近似相等，共计有 761425 个格网单元。每一格网单元即为储层案例表达对象。将储层评价基础参数对应的栅格分布图分别与矢量格网图层空间叠加，每一个格网单元即获得了 6 个基础参数的属性特征值。

除了属性特征外，隐含于矢量格网与储层评价基础参数对应的等值线、等值线多边形之间的空间关系需要提取并构建空间关系特征。根据前文确立的提取方法，分别提取每一矢量格网对应的空间度量关系特征和空间拓扑关

系特征。

将拥有储层类别的钻井点图层与矢量格网图层空间叠加，拥有钻井点的格网将获得对应的储层类别（格网的大小通常使得其仅拥有一个钻井点），其他绝大多数格网未获得储层类别。如此，拥有储层类别的格网将成为已知储层案例，未拥有储层类别的将成为待评价储层案例。

上述属性特征、空间关系特征、储层类别最终都存储于矢量格网图层属性表中。一个已知储层案例如下：

C_i=（36.34122086|73.77635956|0.40347755|7.22913933|0.37347344|2985.78344727|20：3188.91；25：2529.67；30：1178.24；35：4166.29；40：15287.34；15：4559.05；45：37888.5|60：7591.13；65：3360；70：2056.34；55：21814.43|0.0：22890.01；0.1：8201.07；0.2：1473.75；0.3：8592.13；0.5：24921.42；0.4：4987.62；0.6：27676.12；0.7：37922.34|5：32920.08；6：4208.9；7：847.7；8：6927.43；-2：34918.63；0：34697.65；2：34476.67；3：33792.48；4：33439.21；9：32543.38|0.2：9069.41；0.3：1554.21；0.4：728.66；0.5：2344.85；0.6：6360.51；0.1：34310.1；0.7：11168.22；0.8：32847.53；0.9：41075.29|2900：15805.49；2700：82131.96；2800：29315.44；3000：1308.19；3100：13848.74|10 ～ 15：d；15 ～ 20：d；20 ～ 25：d；25 ～ 30：d；30 ～ 35：w；35 ～ 40：d；40 ～ 45：d；45-50：d|50 ～ 55：d；55 ～ 60：d；60 ～ 65：d；65 ～ 70：d；70 ～ 75：w|0.0 ～ 0.1：d；0.1 ～ 0.2：d；0.2 ～ 0.3：d；0.3 ～ 0.4：d；0.4 ～ 0.5：w；0.5 ～ 0.6：d；0.6 ～ 0.7：d；0.7 ～ 0.8：d|-2 ～ 0：d；0 ～ 2：d；2 ～ 3：d；3 ～ 4：d；4 ～ 5：d；5 ～ 6：d；6 ～ 7：w；7 ～ 8：d；8 ～ 9：d；9 ～ 11：d|0.0 ～ 0.1：d；0.1 ～ 0.2：d；0.2 ～ 0.3：d；0.3 ～ 0.4：w；0.4 ～ 0.5：d；0.5 ～ 0.6：d；0.6 ～ 0.7：d；0.7 ～ 0.8：d；0.8 ～ 0.9：d；0.9 ～ 1.0：d|2600 ～ 2700：d；2700 ～ 2800：d；2800 ～ 2900：d；2900 ～ 3000：w；3000 ～ 3100：d；3100 ～ 3200：d|II）

式中，各项以符号“|”分割。前 6 项分别是砂体厚度、地层厚度、砂地比、孔隙度、渗透率、储层埋深基础参数对应的属性特征项的值，第 7 项至第 12 项分别是这 6 个基础参数对应的空间度量关系特征项，第 13 项至第 18 项分别是这 6 个基础参数对应的空间拓扑关系特征项，第 19 项是储层类别，对于待评价储层案例，此项为空。

3.4.2 储层案例的存储组织

针对矢量格网图层属性表，将拥有储层类别的 321 条记录导出并储存在 DBF 文件中，构成储层案例库。为便于开展实验，将此 321 个已知储层案例做了两组划分，第一组 200 个构成储层案例库，121 个作为待评价储层案例用于验证；第二组 260 个构成储层案例库，61 个作为待评价储层案例用于验证；每一组中的已知案例与待评价案例皆随机分选，且分别储存于 DBF 文件中。最终，3 个储层案例库（分别包含 321、260、200 个储层案例）得以构建。另外，将格网图层属性表中的 761425 条记录全部导出并储存在 DBF 文件中，构成待评价储层案例集，用于对研究区域进行储层综合评价。DBF 文件可以以数据库方式访问，方便储层空间案例推理的执行。

3.4.3 储层空间案例推理系统的实现

储层空间案例推理系统采用面向对象的程序设计思想进行设计，并通过增量——迭代方式进行开发。在 Windows 操作系统环境下采用 C# 语言和 Visual Studio 2010 集成开发环境完成程序的编码和测试，实现了推理模型中的全部 12 中推理模式。系统独立于 GIS 软件，但可方便地将 GIS 软件的输出结果作为其输入数据，并且其输出结果可在 GIS 软件中直接与矢量格网图层关联，进行储层综合评价制图。

3.4.4 储层案例空间特征与属性特征权重的确立

储层空间案例推理执行前，需要确定储层案例属性特征、空间关系特征的权重，其确立方式详述如下。

（1）属性相似性推理时，案例属性特征权重的确立采用层次分析法。6 个属性特征的重要性排序为：砂体厚度 > 孔隙度 = 渗透率 > 储层埋深 > 砂地比 > 地层厚度。其排序依据为：砂体厚度决定了油气储集空间的大小，如果砂体厚度很小，无法给油气储层提供良好的储集空间，砂体厚度较大方可为油气储层提供良好的储集空间，这是储层好坏的先决条件。在砂体厚度一定的情况下，孔隙度、渗透率的大小决定了油气赋存及运移环境的好坏，孔隙度大说明油气赋存条件好，反之则条件不好，渗透率大说明油气在储集空间中的运移性好，反之则不好，因此，此二者重要性大，但较砂体厚度为小。在前三者一定的情况下，合适的储层埋深为油气储层的存在和保护提供了良好的保证，针对不同的地区、不同的层位，良好的储层埋深范围可能不一样，但对于确定的地区和确定的层位而言，其储层埋深应该有一个有利于储层的深度范围。地层的组成针对碎屑岩而言，除了砂岩外，还可能有泥岩、砂泥岩、泥砂岩等，因此其对储层的影响较小。而砂地比是砂体厚度和地层厚度的比值，其对储层的重要性自然比地层厚度大，但通常也低于储层埋深。需要说明的是，不同的储层评价领域专家对于上述 6 个储层属性特征的排序可能不同，而前述的重要性排序及依据是与储层案例库中已知的储层综合分类确定方法保持一致的。

层次分析法中储层案例储层类别与案例属性特征构成的两层递阶层次模型见图 3.5。

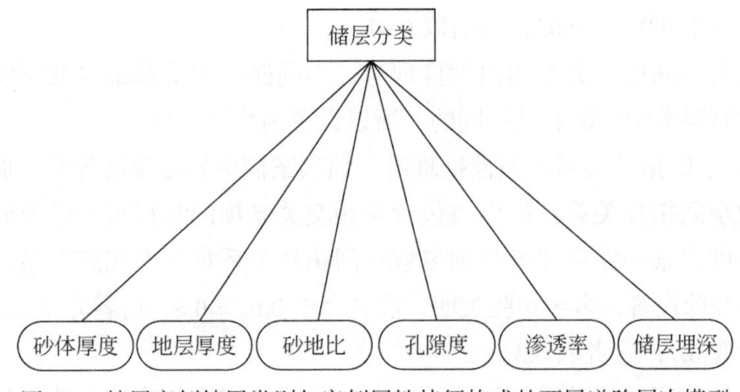

图 3.5　储层案例储层类别与案例属性特征构成的两层递阶层次模型

层次分析法中储层案例属性特征的比较矩阵见表 3.2。

表 3.2　层次分析法中储层案例属性特征比较矩阵及所确立权重

储层类别（目标）	砂体厚度	地层厚度	砂地比	孔隙度	渗透率	储层埋深	所得权重
砂体厚度	1	8	6	2	2	4	**0.348**
地层厚度		1	1/3	1/7	1/7	1/4	**0.028**
砂地比			1	1/6	1/6	1/2	**0.050**
孔隙度				1	1	5	**0,249**
渗透率					1	5	**0.249**
储层埋深						1	**0.075**

经计算，其一致性指标 CI（Consistency Index）=0.052，平均随机指标 RI（Random Index）=1.240，一致性比例 CR（Consistency Ratio）=0.042，

CR<0.1，一致性检验通过。最终确立的储层案例属性特征的权重有效、可用（表 3.2）。

（2）空间度量关系相似性推理时，储层案例中砂体厚度等某一储层评价基础参数空间度量关系特征中第 i 个子项的权重采用的确立方式如前文所述。其中储层案例所在的格网中心点砂体厚度等属性数据值与对应的格网中心点到砂体厚度等等值线距离最近的度量值独自赋予很高的权重，多次实验表明，此值介于 0.5 ～ 0.7，当前取 0.5。其他与对应的砂体厚度等等值线距离非最近的度量值，以最近的度量值为中心，由近及远对称地分别获取“指定的大值”与“指定的小值”之间的权重值，具体视度量值的个数通过等比数列动态计算赋予，多次实验表明，“指定的大值”介于 0.2 ～ 0.3，当前取 0.2，“指定的小值”介于 0.01 ～ 0.05，当前取 0.01。

而总的空间度量关系相似性推理时，不同储层评价基础参数空间度量关系特征对储层类别的影响是等同的，所以设置为均等的权重。

（3）空间拓扑关系相似性推理时，储层案例中砂体厚度等某一储层评价基础参数空间拓扑关系特征中被包含及相交关系项的总权重，以及储层案例中砂体厚度等某一储层评价基础参数空间拓扑关系特征中相离关系项的总权重可根据经验设置，多次实验表明，前者介于 0.6 ～ 0.8，后者介于 0.2 ～ 0.4，当前前者取 0.7，后者取 0.3。

而总的空间拓扑关系相似性推理时，不同储层评价基础参数空间拓扑关系特征对储层类别的影响是等同的，所以设置为均等的权重。

（4）空间关系综合相似性推理时，空间度量、方位、拓扑关系项的权重采用层次分析法确立，依据地理信息学常识，其一般重要性排序为：度量关系 > 方位关系 > 拓扑关系。

层次分析法中空间关系与空间度量、方位、拓扑关系项构成的两层递阶层次模型见图 3.6。

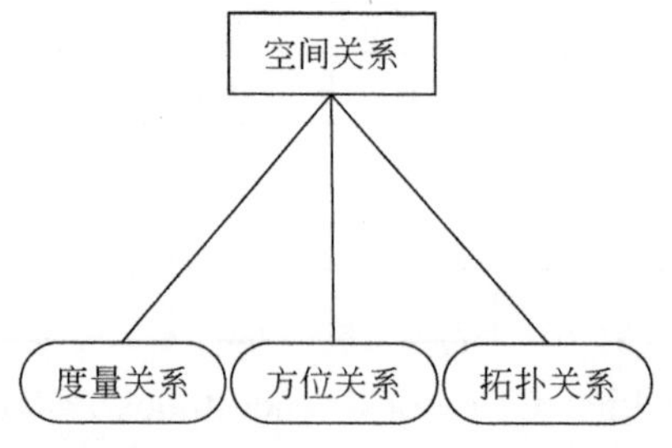

图 3.6　空间关系与空间度量、方位、拓扑关系项构成的两层递阶层次模型

层次分析法中空间关系项的比较矩阵见表 3.3。

表 3.3　层次分析法中空间关系项比较矩阵及所确立权重

空间关系（目标）	度量关系	方位关系	拓扑关系	所得权重
度量关系	1	3	5	**0.637**
方位关系		1	3	**0.258**
拓扑关系			1	**0. 105**

经计算，其 CI=0.019，RI=0.580，CR=0.033，CR<0.1，一致性检验通过。最终确立的空间关系项的权重有效、可用（表 3.3）。

（5）属性相似性与空间相似性联合推理时，属性、空间关系项的权重采用层次分析法确立，依据地理信息学常识，属性项通常较空间关系项重要，通过层次分析法最终确立的权重是：属性项 0.690，空间关系项 0.310（其 CI=0.0，RI=0.0，CR=0.0，CR<0.1，一致性检验通过）。

3.4.5　储层空间案例推理实验结果

利用设计、开发的储层空间案例推理系统对 121、61 个待评价储层案例（121、61 口井对应的验证储层案例）分别执行推理，前者案例库已知储层案例数为 200，后者案例库已知储层案例数为 260。推理模式计有：属性相似性推理、空间相似性推理、属性相似性与空间相似性联合推理、扩展属性相似性与空间相似性联合推理、先属性相似性后空间相似性推理、先空间相似性后属性相似性推理、K- 近邻属性相似性推理、K- 近邻空间相似性推理、K- 近邻属性相似性与空间相似性联合推理、K- 近邻扩展属性相似性与空间相似性联合推理、K- 近邻先属性相似性后空间相似性推理、K- 近邻先空间相似性后属性相似性推理 12 种。将推理结果与领域专家确定的储层综合分类结果进行对比，验证结果见表 3.4。

表 3.4　121、61 口井储层空间案例推理结果与领域专家确定综合分类结果的一致性验证

推理模式	推理正确数（121 口井）	验证正确率（121 口井）	推理正确数（61 口井）	验证正确率（61 口井）	备注
属性相似性推理	65	53.72%	43	70.49%	
空间相似性推理	79	65.29%	42	68.85%	
属性相似性与空间相似性联合推理	74	61.16%	44	72.13%	

续表

推理模式	推理正确数（121口井）	验证正确率（121口井）	推理正确数（61口井）	验证正确率（61口井）	备注
扩展属性相似性与空间相似性联合推理	77	63.64%	46	75.41%	
先属性相似性后空间相似性推理	74	61.16%	47	77.05%	空间相似性测度推理阈值个数：5
先空间相似性后属性相似性推理	69	57.02%	45	73.77%	属性相似性测度推理阈值个数：7
K-近邻属性相似性推理	83	68.60%	48	78.69%	K值：16
K-近邻空间相似性推理	80	66.12%	49	80.33%	K值：16
K-近邻属性相似性与空间相似性联合推理	84	69.42%	50	81.97%	K值：16
K-近邻扩展属性相似性与空间相似性联合推理	85	70.25%	50	81.97%	K值：16
K-近邻先属性相似性后空间相似性推理	85	70.25%	50	81.97%	空间相似性测度推理阈值个数：10 K值：8
K-近邻先空间相似性后属性相似性推理	81	66.94%	50	81.97%	属性相似性测度推理阈值个数：13 K值：9

需要说明的是，由于单纯的空间相似性推理误判率较单纯的属性相似性推理高，因此，先属性相似性后空间相似性推理时，空间相似性测度推理的阈值不能设置太大，否则会降低推理预测正确率，目前实验证明设置5为宜。同样，先空间相似性后属性相似性推理时，属性相似性测度推理的阈值设置理应比先属性相似性后空间相似性推理时为大，如此可提高推理预测正确率，目前实验证明设置7为宜。而K-近邻先属性相似性后空间相似性推理时，因为要综合考虑阈值和K值的设置应使推理预测的正确率相对最高，所以，阈值的设置可能较先属性相似性后空间相似性推理时为大，而K值则不能大于阈值，可能较K-近邻属性相似性与空间相似性联合推理时为小，目前实验证

明阈值、K 值分别设置 10、8 为宜。同样，K-近邻先空间相似性后属性相似性推理也类似，由于单纯的空间相似性推理误判率较单纯的属性相似性推理高，因此阈值应比 K- 近邻先属性相似性后空间相似性推理大，目前实验证明阈值、K 值分别设置 13、9 为宜。

121、61 口井储层空间案例推理不同推理模式推理结果正确率对比折线见图 3.7。

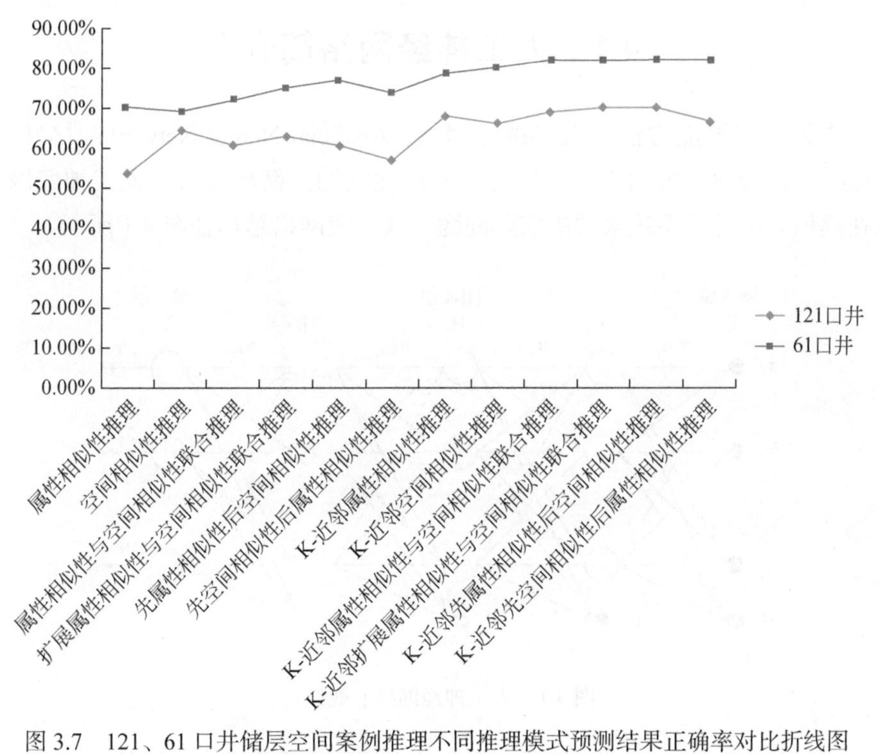

图 3.7　121、61 口井储层空间案例推理不同推理模式预测结果正确率对比折线图

第 4 章　储层 BP 人工神经网络评价

4.1　人工神经网络简介

作为人工智能方法，人工神经网络（Artificial Neural Networks，ANN）（Haykin，1998）可用于解决线性和非线性问题。简单而言，人工神经网络意在模拟人脑神经系统来解决实际问题。其一般网络结构如图 4.1 所示。

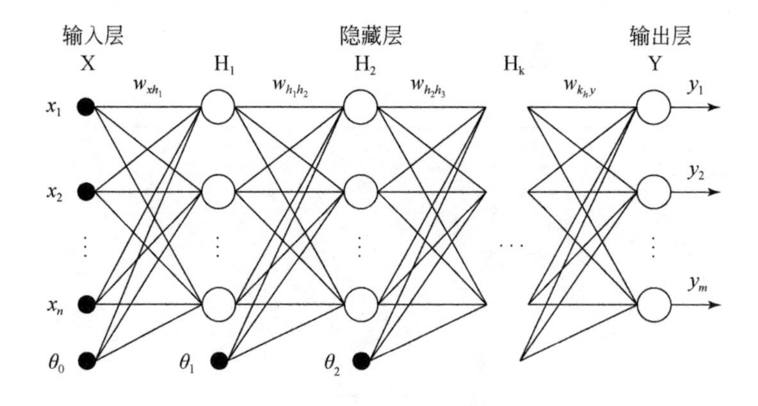

图 4.1　人工神经网络一般结构

人工神经网络一般为 3 层结构，由输入层、隐藏层和输出层构成。其中，输入层和输出层为一层，隐藏层可包含一层或多层。除输入层外每一层由若干神经元构成。层层之间通过连接边将各层神经元前后连接起来构成一个网络。其工作原理为：输入层输入数据与对应连接边权值进行加权求和，并经过数学处理后作为下一层神经元的输出，对应所有神经元的输出又以同样的方式作为其后一层神经元的输入，如此重复，直到输出层输出结果。输出结果是否达到预期，关键在于每一连接边权值的设置以及神经元数学处理函数的选择。人工神经元信息处理示意如图 4.2 所示。神经元 i 的输出可表示为

$$y_i = f\left(\sum_{j=1}^{n} x_j w_{ji} - \theta_i\right) \tag{4.1}$$

式中，x_j 为输入数据；w_{ji} 为对应连接边权值；θ_i 为阈值，用于函数 f 处理时调节神经元输出值 y_i，网络中不同层级的 θ 可以不同。函数 f 又称为激活函数，一般有：线性函数、非线性斜面函数、阈值函数、S 型函数等，其中，S 型函数应用最广，其表达式为

$$f(x) = \frac{1}{1 + e^{-\alpha x}} \tag{4.2}$$

式中，α 为系数，取值正整数。该函数取值介于 0 ～ 1，具有较好的增益控制。

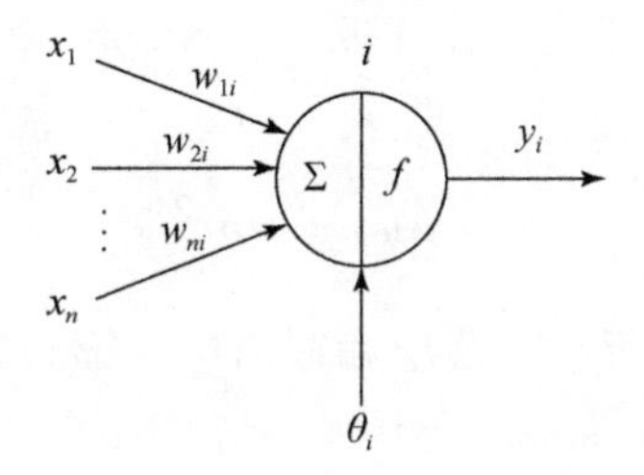

图 4.2　人工神经元信息处理示意图

激活函数一般比较容易确定，而每一连接边权值的设置则是人工神经网络最关键的问题。网络需要训练并通过不断调整每一连接边权值使网络最终输出达到预期，此时所确定的网络才能用于新问题的求解。

人工神经网络训练并调整连接边权值的方法包括：有导师学习（或监督学习）和无导师学习（或非监督学习）。每一类都有许多具体的学习方法，并衍生出许多以学习方法标志的神经网络。

4.2　BP 人工神经网络原理

后向反馈（Back Propagation，BP）神经网络（Rumelhart *et al.*，1986）是一种非常知名和广泛使用的有导师学习人工神经网络方法。该方法将神经网络输出层输出结果与真实结果之间的误差向后逐层反馈，使得反馈结果作为下一轮网络训练时各连接边权值和神经元阈值调整的依据，如此反复，直到输出结果与真实结果之差达到预期的要求，最终确立网络中各连接边权值和神经元阈值，从而完成网络的训练。

BP学习方法基于最小均方误差准则。当一个训练样本经输入层输入网络，并产生输出时，其均方误差应为输出层各输出单元误差平方之和。

$$E^p = \frac{1}{2}\sum_{l=1}^{m}(o_l^p - y_l^p)^2 \tag{4.3}$$

式中，m为输出层神经元总数；o_l^p表示训练样本为p时第l个神经元对应的已知期望输出；y_l^p为第l个神经元对应的实际输出；E^p为样本p输出时的均方误差。当所有训练样本完成一次输入后，总误差应为

$$E = \sum_{p=1}^{P}E^p = \frac{1}{2}\sum_{p=1}^{P}\sum_{l=1}^{m}(o_l^p - y_l^p)^2 \tag{4.4}$$

式中，P为训练样本总数；E为总误差。设w_{ij}为网络中任一连接边权值，根据梯度下降法（刘颖超和张纪元，1993；Snyman，2005），在批处理方式下该权值误差修正量应为

$$\Delta w_{ij} = -\eta\frac{\partial E}{\partial w_{ij}} \tag{4.5}$$

式中，η为学习率。则对所有隐藏层和输出层，第t+1次迭代时，任意连接边权值w_{ij}应为

$$w_{ij}^{t+1} = w_{ij}^{t} - \eta\frac{\partial E}{\partial w_{ij}^{t}} \tag{4.6}$$

式中，w_{ij}^t为第t次迭代后连接边$i \to j$对应的权值。如此，网络中每一连接边权值都可以在一次迭代后得到更新，并作为下次计算时新的权值。为了简化处理，将每一层神经元阈值θ视为输入数据值为-1的权重，如此，每层输入数增1，阈值θ即可按普通连接边权值进行修正。

本质上，BP学习方法是两步计算的迭代：①从前向后正向计算各隐藏层和输出层的输出；②从后向前使误差反向传播以进行权值的调整。

当BP神经网络训练好后，即可对新数据进行处理或对新问题进行求解。针对油气储层综合评价，将每一训练数据中的储层评价基础参数作为神经网络输入层输入数，训练数据中所有储层类别作为网络输出层输出数，使每一储层类别对应一项输出层输出，即四分类时对Ⅰ类储层输出层输出为$[1\ 0\ 0\ 0]^T$、Ⅱ类储层输出层输出为$[0\ 1\ 0\ 0]^T$、Ⅲ类储层输出层输出为$[0\ 0\ 1\ 0]^T$、Ⅳ类储层输出层输出为$[0\ 0\ 0\ 1]^T$，对每一训练数据中的储层评价基础参数和储层类别进行归一化处理后，将训练数据一一输入网络并采用BP学习方法进行网络训练，当网络训练完成后，采用另一组验证数据对网络泛化能力进行验证，当确定训练后的网络对验证数据的储层类别总体预测正确率相对最高时，神经网络的泛

化能力可认为很好，此时即可将网络用于整个区域储层类别的综合评价或预测。

4.3　储层 BP 人工神经网络评价实验

为了评估本书研究提出的储层空间案例推理模型，需要开展对比分析实验。由于人工神经网络方法在各领域得到了广泛的应用，尤其是 BP 人工神经网络（BP-ANN）被广泛认可和使用，对比实验采用了 BP 人工神经网络方法。

4.3.1　储层训练数据与验证数据的构建

针对储层空间案例推理所构建的 200 储层案例库（含 200 个已知储层案例，其他同此）与 121 个验证储层案例、260 储层案例库与 61 个验证储层案例、321 储层案例库、761425 个待评价储层案例 DBF 文件，将其度量关系、拓扑关系数据列全部删除，使每一 DBF 文件仅保留 6 个储层评价基础参数属性数据列和 1 个储层类别数据列。如此就构成两组神经网络训练与验证数据，即 200 个训练数据对应 121 个验证数据，260 个训练数据对应 61 个验证数据，每一 DBF 文件中的一行即为一个储层单元。而由 761425 个储层单元构成的 DBF 文件即为研究区储层待评价数据文件，由 321 储层案例库转换而来的 321 个训练数据则用于研究区储层综合评价时训练人工神经网络。为了评价结果的客观性，提取 761425 个储层待评价数据中每一列的最大值和最小值，并构建为一新的 DBF 文件，以用于人工神经网络训练、验证和储层综合评价时数据的归一化。

4.3.2　储层训练数据与验证数据的存储组织

人工神经网络训练数据、验证数据及储层待评价数据都采用 DBF 文件存储，一方面与储层空间案例推理数据的存储组织保持一致；另一方面便于储层人工神经网络评价系统接受 GIS 软件的输出结果作为自己的输入数据，自己的输出结果作为 GIS 软件的输入数据直接在 GIS 软件中绘制储层综合评价分类图。另外，DBF 文件可以以数据库方式进行访问，便于储层人工神经网络评价系统的设计、开发、升级与移植。

4.3.3　储层 BP 人工神经网络评价系统的实现

储层人工神经网络评价系统采用面向对象的程序设计思想进行设计，并通过增量－迭代方式进行开发。在 Windows 操作系统环境下采用 C# 语言和 Visual Studio 2010 集成开发环境，以 AForge. NET（Kirillov，2013）开源代码为基础，完成程序的编码和测试。系统独立于 GIS 软件，但可方便地将 GIS 软件的输出结果作为其输入数据，并且其输出结果可在 GIS 软件中直接与矢量格网图层关联，进行储层综合评价制图。

4.3.4　储层 BP 人工神经网络评价实验结果

利用设计、开发的储层人工神经网络评价系统对神经网络进行训练和验证（网络分三层，即输入层、隐含层、输出层，其中隐含层为一层；激活函数采用 Sigmoid 函数）。数据分两组，一组训练数据为 200 个已知储层单元，验证数据为 121 个已知储层单元（对应 121 口钻井）；另一组训练数据为 260 个已知储层单元，验证数据为 61 个已知储层单元（对应 61 口钻井）。设定不同的 BP 网络训练参数，针对每一组数据分别进行 20 次网络训练和验证，并获取相对最好的验证结果。参数设置与相对最优验证结果见表 4.1。

表 4.1　121、61 口井 BP 人工神经网络验证结果与领域专家确定综合分类结果的一致性对比

BP 网络 参数设置类别	验证正确数 （121 口井）	验证正确率 （121口井）	验证正确数 （61 口井）	验证正确率 （61 口井）	备注
HLN：4 LR：0.1 M：0.6 SA：1 LSE：0.005 LSI：50000	79	65.29%	46	75.41%	分别进行 20 次 BP 网络训练，验证结果最好的一次
HLN：5 LR：0.1 M：0.7 SA：1 LSE：0.005 LSI：50000	75	61.98%	48	78.69%	分别进行 20 次 BP 网络训练，验证结果最好的一次
HLN：6 LR：0.1 M：0.5 SA：2 LSE：0.005 LSI：50000	80	66.12%	47	77.05%	分别进行 20 次 BP 网络训练，验证结果最好的一次

注：HLN. 隐藏层神经元个数；LR. 学习速率；M. 动量；SA.Sigmoid 函数 alpha 值；LSE. 学习停止错误率；LSI. 学习停止迭代次数。

进一步，针对上述两组训练与验证数据，将 BP 人工神经网络相对训练和验证最优结果与储层空间案例推理中典型的扩展属性相似性与空间相似性联合推理、先属性相似性后空间相似性推理、K- 近邻扩展属性相似性与空间相似性联合推理、K- 近邻先属性相似性后空间相似性推理 4 种模式，以及属性相似性推理与空间相似性推理 2 种模式验证结果进行结果可分类性对比，详见表 4.2。

表 4.2　121、61 口井 BP 人工神经网络与储层空间案例推理验证结果可分类性对比

验证组别	BP-ANN 分类识别	储层空间案例推理分类识别						备注
		ASR	SSR	ExASSR	FALSSR	K-NN-ExASSR	K-NN-FALSSR	
121 验证数据	Ⅰ：0 Ⅱ：10 Ⅲ：70 Ⅳ：0	Ⅰ：0 Ⅱ：9 Ⅲ：56 Ⅳ：0	Ⅰ：0 Ⅱ：13 Ⅲ：66 Ⅳ：0	Ⅰ：0 Ⅱ：12 Ⅲ：65 Ⅳ：0	Ⅰ：0 Ⅱ：9 Ⅲ：65 Ⅳ：0	Ⅰ：0 Ⅱ：4 Ⅲ：81 Ⅳ：0	Ⅰ：0 Ⅱ：7 Ⅲ：78 Ⅳ：0	训练或案例库数据中 4 类个数为：Ⅰ：11，Ⅱ：48，Ⅲ：140，Ⅳ：1 验证数据中 4 类个数为：Ⅰ：6，Ⅱ：34，Ⅲ：81，Ⅳ：0
61 验证数据	Ⅰ：0 Ⅱ：3 Ⅲ：45 Ⅳ：0	Ⅰ：1 Ⅱ：2 Ⅲ：40 Ⅳ：0	Ⅰ：1 Ⅱ：4 Ⅲ：37 Ⅳ：0	Ⅰ：1 Ⅱ：4 Ⅲ：41 Ⅳ：0	Ⅰ：1 Ⅱ：3 Ⅲ：43 Ⅳ：0	Ⅰ：0 Ⅱ：1 Ⅲ：49 Ⅳ：0	Ⅰ：0 Ⅱ：2 Ⅲ：48 Ⅳ：0	训练或案例库数据中 4 类个数为：Ⅰ：14，Ⅱ：73，Ⅲ：172，Ⅳ：1 验证数据中 4 类个数为：Ⅰ：3，Ⅱ：9，Ⅲ：49，Ⅳ：0

而针对上述两组验证数据，采用分类效果评价指标：Recall、Precision、F-Measure 对 BP 人工神经网络和储层空间案例推理 6 种推理模式的验证结果进行评价，对应的类别混淆矩阵和分类评价结果见表 4.3 ～表 4.30。

表 4.3　121 口井 BP 人工神经网络验证结果类别混淆矩阵

Ⅰ类		真实类别	
		正类	负类
预测类别	正类	0	5
	负类	6	110

续表

II 类		真实类别	
		正类	负类
预测类别	正类	10	13
	负类	24	74
III 类		真实类别	
		正类	负类
预测类别	正类	70	23
	负类	11	17

表 4.4 121 口井 BP 人工神经网络验证结果分类效果评价

	Recall	Precision	F-Measure（F1）
I 类	0	0	—
II 类	0.2941	0.4348	0.3509
III 类	0.8642	0.7527	0.8046

表 4.5 121 口井储层空间案例推理 ASR 模式验证结果类别混淆矩阵

I 类		真实类别	
		正类	负类
预测类别	正类	0	10
	负类	6	105
II 类		真实类别	
		正类	负类
预测类别	正类	9	20
	负类	25	67
III 类		真实类别	
		负类	负类
预测类别	正类	56	25
	负类	25	15

表 4.6　121 口井储层空间案例推理 ASR 模式验证结果分类效果评价

	Recall	Precision	F-Measure（F1）
I 类	0	0	-
II 类	0.2647	0.3103	0.2857
III 类	0.6914	0,6914	0.6914

表 4.7　121 口井储层空间案例推理 SSR 模式验证结果类别混淆矩阵

I 类		真实类别	
		正类	负类
预测类别	正类	0	8
	负类	6	107
II 类		真实类别	
		正类	负类
预测类别	正类	13	15
	负类	21	72
III 类		真实类别	
		正类	负类
预测类别	正类	66	19
	负类	15	21

表 4.8　121 口井储层空间案例推理 SSR 模式验证结果分类效果评价

	Recall	Precision	F-Measure（F1）
I 类	0	0	-
II 类	0.3824	0.4643	0.4194
III 类	0.8148	0.7765	0.7952

表 4.9　121 口井储层空间案例推理 ExASSR 模式验证结果类别混淆矩阵

I 类		真实类别	
		正类	负类
预测类别	正类	0	10
	负类	6	105

续表

II 类		真实类别	
		正类	负类
预测类别	正类	12	13
	负类	22	74
III 类		真实类别	
		正类	负类
预测类别	正类	65	21
	负类	16	19

表 4.10　121 口井储层空间案例推理 ExASSR 模式验证结果分类效果评价

	Recall	Precision	F-Measure（F1）
I 类	0	0	-
II 类	0.3529	0.4800	0.4068
III 类	0.8025	0.7558	0.7785

表 4.11　121 口井储层空间案例推理 FALSSR 模式验证结果类别混淆矩阵

I 类		真实类别	
		正类	负类
预测类别	正类	0	7
	负类	6	108
II 类		真实类别	
		正类	负类
预测类别	正类	9	13
	负类	25	83
III 类		真实类别	
		正类	负类
预测类别	正类	65	27
	负类	16	13

表 4.12　121 口井储层空间案例推理 FALSSR 模式验证结果分类效果评价

	Recall	Precision	F-Measure（F1）
I 类	0	0	-
II 类	0.2647	0.4091	0.3214
III 类	0.8025	0.7065	0.7514

表 4.13　121 口井储层空间案例推理 K-NN-ExASSR 模式验证结果类别混淆矩阵

I 类		真实类别	
		正类	负类
预测类别	正类	0	0
	负类	6	115
II 类		真实类别	
		正类	负类
预测类别	正类	4	0
	负类	30	87
III 类		真实类别	
		正类	负类
预测类别	正类	81	36
	负类	0	4

表 4.14　121 口井储层空间案例推理 K-NN-ExASSR 模式验证结果分类效果评价

	Recall	Precision	F-Measure（F1）
I 类	0	-	-
II 类	0.1176	1.0000	0.2105
III 类	1.0000	0.6923	0.8182

表 4.15　121 口井储层空间案例推理 K-NN-FALSSR 模式验证结果类别混淆矩阵

I 类		真实类别	
		正类	负类
预测类别	正类	0	0
	负类	6	115

续表

II 类		真实类别	
		正类	负类
预测类别	正类	7	3
	负类	27	84
III 类		真实类别	
		正类	负类
预测类别	正类	78	32
	负类	3	8

表 4.16 121 口井储层空间案例推理 K-NN-FALSSR 模式验证结果分类效果评价

	Recall	Precision	F-Measure（F1）
I 类	0	-	-
II 类	0.2059	0.7000	0.3182
III 类	0.9630	0.7091	0.8168

表 4.17 61 口井 BP 人工神经网络验证结果类别混淆矩阵

I 类		真实类别	
		正类	负类
预测类别	正类	0	0
	负类	3	58
II 类		真实类别	
		正类	负类
预测类别	正类	3	6
	负类	6	46
III 类		真实类别	
		正类	负类
预测类别	正类	45	7
	负类	4	5

表 4.18　61 口井 BP 人工神经网络验证结果分类效果评价

	Recall	Precision	F-Measure（F1）
I 类	0	0	-
II 类	0.3333	0.3333	0.3333
III 类	0.9184	0.8654	0.8911

表 4.19　61 口井储层空间案例推理 ASR 模式验证结果类别混淆矩阵

I 类		真实类别	
		正类	负类
预测类别	正类	1	3
	负类	2	55
II 类		真实类别	
		正类	负类
预测类别	正类	2	9
	负类	7	43
III 类		真实类别	
		正类	负类
预测类别	正类	40	6
	负类	9	6

表 4.20　61 口井储层空间案例推理 ASR 模式验证结果分类效果评价

	Recall	Precision	F-Measure（F1）
I 类	0.3333	0.2500	0.2857
II 类	0.2222	0.1818	0.2000
III 类	0.8163	0.8696	0.8421

表 4.21　61 口井储层空间案例推理 SSR 模式验证结果类别混淆矩阵

I 类		真实类别	
		正类	负类
预测类别	正类	1	3
	负类	2	55

续表

II类		真实类别	
		正类	负类
预测类别	正类	4	9
	负类	5	43
III类		真实类别	
		正类	负类
预测类别	正类	37	7
	负类	12	5

表 4.22 61 口井储层空间案例推理 SSR 模式验证结果分类效果评价

	Recall	Precision	F-Measure（F1）
I类	0.3333	0.2500	0.2857
II类	0.4444	0.3077	0.3636
III类	0.7551	0.8409	0.7957

表 4.23 61 口井储层空间案例推理 ExASSR 模式验证结果类别混淆矩阵

I类		真实类别	
		正类	负类
预测类别	正类	1	1
	负类	2	57
II类		真实类别	
		正类	负类
预测类别	正类	4	6
	负类	5	46
III类		真实类别	
		正类	负类
预测类别	正类	41	7
	负类	8	5

表 4.24　61 口井储层空间案例推理 ExASSR 模式验证结果分类效果评价

	Recall	Precision	F-Measure（F1）
I 类	0.3333	0.5000	0.4000
II 类	0.4444	0.4000	0.4210
III 类	0.8367	0.8542	0.8454

表 4.25　61 口井储层空间案例推理 FALSSR 模式验证结果类别混淆矩阵

<table>
<tr><td colspan="2" rowspan="2">I 类</td><td colspan="2">真实类别</td></tr>
<tr><td>正类</td><td>负类</td></tr>
<tr><td rowspan="2">预测类别</td><td>正类</td><td>1</td><td>4</td></tr>
<tr><td>负类</td><td>2</td><td>54</td></tr>
<tr><td colspan="2" rowspan="2">II 类</td><td colspan="2">真实类别</td></tr>
<tr><td>正类</td><td>负类</td></tr>
<tr><td rowspan="2">预测类别</td><td>正类</td><td>3</td><td>3</td></tr>
<tr><td>负类</td><td>6</td><td>49</td></tr>
<tr><td colspan="2" rowspan="2">III 类</td><td colspan="2">真实类别</td></tr>
<tr><td>正类</td><td>负类</td></tr>
<tr><td rowspan="2">预测类别</td><td>正类</td><td>43</td><td>7</td></tr>
<tr><td>负类</td><td>6</td><td>5</td></tr>
</table>

表 4.26　61 口井储层空间案例推理 FALSSR 模式验证结果分类效果评价

	Recall	Precision	F-Measure（F1）
I 类	0.3333	0.2000	0.2500
II 类	0.3333	0.5000	0.4000
III 类	0.8776	0.8600	0.8687

表 4.27　61 口井储层空间案例推理 K-NN-ExASSR 模式验证结果类别混淆矩阵

<table>
<tr><td colspan="2" rowspan="2">I 类</td><td colspan="2">真实类别</td></tr>
<tr><td>正类</td><td>负类</td></tr>
<tr><td rowspan="2">预测类别</td><td>正类</td><td>0</td><td>0</td></tr>
<tr><td>负类</td><td>3</td><td>58</td></tr>
</table>

续表

II 类		真实类别	
		正类	负类
预测类别	正类	1	0
	负类	8	52
III 类		真实类别	
		正类	负类
预测类别	正类	49	11
	负类	0	1

表 4.28　61 口井储层空间案例推理 K-NN-ExASSR 模式验证结果分类效果评价

	Recall	Precision	F-Measure（F1）
I 类	0	-	-
II 类	0.1111	1.0000	0.2000
III 类	1.0000	0.8167	0.8991

表 4.29　61 口井储层空间案例推理 K-NN-FALSSR 模式验证结果类别混淆矩阵

I 类		真实类别	
		正类	负类
预测类别	正类	0	0
	负类	3	58
II 类		真实类别	
		正类	负类
预测类别	正类	2	1
	负类	7	51
III 类		真实类别	
		正类	负类
预测类别	正类	48	10
	负类	1	2

表 4.30　61 口井储层空间案例推理 K-NN-FALSSR 模式验证结果分类效果评价

	Recall	Precision	F-Measure（F1）
I 类	0	—	—
II 类	0.2222	0.6667	0.3333
III 类	0.9796	0.8276	0.8972

第5章　储层空间案例推理与BP人工神经网络的对比

5.1　储层空间案例推理实验结果的分析

通过121、61口井储层空间案例推理结果与领域专家确定综合分类结果的一致性验证（表3.4），有以下分析和认识。

（1）在油气储层综合评价领域，利用储层空间案例推理模型时，单纯的属性相似性推理是有效的，但验证正确率并非最优。无论是属性相似性推理，还是K-近邻属性相似性推理皆如此。

（2）利用储层空间案例推理模型时，单纯的空间相似性推理也是有效的，但验证正确率也并非最优。无论是空间相似性推理，还是K-近邻空间相似性推理皆如此。

（3）利用储层空间案例推理模型时，属性相似性推理与空间相似性推理联合测度是比较有效的，而且验证正确率也相对较高。无论是属性相似性与空间相似性联合推理、扩展属性相似性与空间相似性联合推理、先属性相似性后空间相似性推理、先空间相似性后属性相似性推理，还是K-近邻属性相似性与空间相似性联合推理、K-近邻扩展属性相似性与空间相似性联合推理、K-近邻先属性相似性后空间相似性推理、K-近邻先空间相似性后属性相似性推理整体上皆如此。

（4）从验证结果可以看出，储层空间案例推理模型中，推理模式：扩展属性相似性与空间相似性联合推理、先属性相似性后空间相似性推理以及K-近邻扩展属性相似性与空间相似性联合推理、K-近邻先属性相似性后空间相似性推理是比较理想的推理模式。扩展属性相似性与空间相似性联合推理无需设置阈值等任何参数即可直接推理预测，且预测正确率相对很高，此模式适应性最强，但预测正确率较K-近邻系列推理模式低。先属性相似性后空间相似性推理在合理设置空间相似性测度推理阈值后，其推理预测正确率也相对很高，但也较 K-近邻系列推理模式低，而且合理的阈值需要通过实验确定，目前是 5 左右。K-近邻扩展属性相似性与空间相似性联合推理在合理设置 K 值后，其推理预测正确率是相对最高的，不过合理的 K 值需要通过实验确定，目前是 16 左右。而 K-近邻先属性相似性后空间相似性推理在合理设置空间相似性测度推理阈值和 K 值后，其推理预测正确率也是相对最高的，不过合理的阈值和 K 值需要通过实验确定，目前是 10 左右、8 左右。

（5）虽然 K-近邻扩展属性相似性与空间相似性联合推理、K-近邻先属性相似性后空间相似性推理是比较理想的推理模式，而且预测正确率相对最高，但是待评价储层案例的最佳储层类别是通过 K 个已知储层案例中个数最多的同类储层类别确定的，从而可能人为得出待评价储层案例错误的储层类别。降低此错误的一种可行的方法是：储层案例库中，各储层类别案例尽可能均匀分布。其实，这也是提高其他推理模式预测正确率的有效方法。

（6）对比 121、61 口井储层空间案例推理结果的正确率，可以看出，针对全部 12 中推理模式，推理时储层案例库中已知案例数越多（121 口井对应储层案例库 200 个已知案例，61 口井对应储层案例库 260 个已知案例），其推理结果的正确率越高，121 口井在全部推理模式中推理正确率介于 53.72% ～ 70.25%，而 61 口井在全部推理模式中推理正确率介于 68.85% ～ 81.97%。因此，储层案例库中不断加入确认正确的新已知储层案例，将有助于推理结果正确率的进一步提升。研究中，针对研究区的储层综合评价成图，推理时将利用全部 321 口井对应的已知储层案例作为案例库进行推理。

5.2　储层 BP 人工神经网络评价实验结果的分析

通过 121、61 口井储层 BP 人工神经网络验证结果与领域专家确定综合分类结果的一致性验证（表 4.1），有以下分析和认识。

（1）BP 人工神经网络作为广泛使用的人工神经网络方法，对于储层评价确实是有效的。

（2）与储层空间案例推理相比，在很多次的网络训练和验证中，其最优验证结果甚至超过了储层空间案例推理前 6 种推理模式，但并未超过储层空间案例推理后 6 种推理模式（K-近邻系列）。对 BP 人工神经网络训练参数的各种修改以及更多次训练和验证，不排除其最优验证结果将超过储层空间案例推理所有 12 种推理模式的可能。

（3）BP 人工神经网络训练参数的最佳设置和网络训练与验证最佳批次的确定，客观地说是很有挑战性的，需要进行各种尝试、大量的训练和验证实验。即便如此，依然无法确定是否达到最优。

5.3 储层空间案例推理与 BP 人工神经网络的对比

通过 BP 人工神经网络与储层空间案例推理典型 4 种推理模式验证结果的可分类性对比（表 4.2），有以下分析和认识。

（1）针对储层重要的Ⅰ、Ⅱ两类，储层空间案例推理的扩展属性相似性与空间相似性联合推理和先属性相似性后空间相似性推理两种推理模式验证结果的可分类性整体优于 BP 人工神经网络。初步表明，相比 BP 人工神经网络，此两种推理模式针对储层评价更具优势。

（2）而针对储层重要的Ⅰ、Ⅱ两类，储层空间案例推理的 K- 近邻扩展属性相似性与空间相似性联合推理和 K- 近邻先属性相似性后空间相似性推理两种推理模式验证结果的可分类性整体低于 BP 人工神经网络。这主要是因为，训练数据或储层案例库中案例分布不均匀所制（Ⅰ、Ⅱ两类数据较少），如果使各类别数据或案例尽可能均匀分布于其中，则有利于上述两种推理模式中Ⅰ、Ⅱ两类可分类性的提高。

（3）鉴于 BP 人工神经网络训练参数的设置和网络训练与验证批次的确定目前依然没有明确的理论指导，只能依据一些经验并进行各种实验尝试，加之其算法数学知识高深，原理复杂，相比之下，储层空间案例推理在算法原理、参数设置、推理过程以及结果验证等方面更具简单性、确定性、快速性和有效性。

（4）在利用新知识以提升评价效果方面，储层空间案例推理模型也明显优于 BP 人工神经网络方法。比如，储层空间案例推理可以直接采用拥有 321 个已知储层案例的案例库对研究区进行储层综合评价，而且评价效果通常优于采用拥有 260 个已知储层案例的案例库推理的结果；而 BP 人工神经网络无法直接采用 321 个已知训练数据直接对研究区进行储层综合评价，因为，没有额外的验证数据对神经网络训练后的泛化能力进行评估。

而进一步通过 BP 人工神经网络与储层空间案例推理 6 种推理模式验证结果的 Recall、Precision、F-Measure 分类效果评价分析（表 4.3 ~ 表 4.30），可得出如下结论。

（1）当训练数据或储层案例库中已知案例数增多时（由 200 个训练数据或已知案例增加至 260 个；分别对应 121 口井验证数据和 61 口井验证数据），针对储层重要的 I 类类别分类效果而言，储层空间案例推理的属性相似性推理（ASR）、空间相似性推理（SSR）、扩展属性相似性与空间相似性联合推理（ExASSR）、先属性相似性后空间相似性推理（FALSSR）4 种推理模式的 Recall、Precision、F-Measure 皆从 0 提高为非 0 值，而且扩展属性相似性与空间相似性联合推理三项指标的值相对最高，反映了该推理模式在储层空间案例推理时针对 I 类储层类别最为有效。而 BP 人工神经网络的上述三项指标却始终为 0，反映了该方法不能在训练数据有限、训练数据类间不平衡时对验证数据中的 I 类储层进行较好的识别。

（2）同样，针对储层重要的 Ⅱ 类类别分类效果而言，储层空间案例推理的空间相似性推理、扩展属性相似性与空间相似性联合推理 2 种推理模式的 Recall、Precision、F-Measure 相比 BP 人工神经网络的此三项指标而言整体都比其高，尤其是扩展属性相似性与空间相似性联合推理对应的三项指标高的较多，反映了该推理模式在储层空间案例推理时针对 Ⅱ 类储层类别最为有效。而 BP 人工神经网络的上述三项指标反映了该方法在训练数据有限、训练数据类间不平衡时对验证数据中的 Ⅱ 类储层识别的能力相对要弱。

（3）而针对储层价值较低的 Ⅲ 类类别分类效果而言，储层空间案例推理的 K- 近邻扩展属性相似性与空间相似性联合推理（K-NN-ExASSR）、K- 近邻先属性相似性后空间相似性推理（K-NN-FALSSR）2 种推理模式的 F-Measure 相比 BP 人工神经网络的此项指标而言都比其高，而属性相似性推理、空间相似性推理、扩展属性相似性与空间相似性联合推理、先属性相似性后空间相似性推理 4 种推理模式的 F-Measure 相比 BP 人工神经网络的此项指标而言都比其低，不过扩展属性相似性与空间相似性联合推理、先属性相似性后空间相似性推理的 F-Measure 值接近 BP 人工神经网络的此项指标，反映 K- 近邻系列推理模式在储层空间案例推理时针对 Ⅲ 类储层类别比较有效，而 BP 人工神经网络方法次之。

（4）综合上述针对储层 I 、Ⅱ 、Ⅲ 类类别分类效果的分析，可综合得出：储层空间案例推理中的扩展属性相似性与空间相似性联合推理在针对油气储层进行综合评价时是相对最优的一种推理方法。

第 6 章　储层空间案例推理、BP 人工神经网络、地质经验法对比验证与分析

为了进一步评估储层空间案例推理模型，研究中开展了储层空间案例推理模型、BP 人工神经网络方法、地质经验法对比分析实验。

地质经验法（Sneider *et al*., 1991；裘亦楠和薛叔浩，1997；陈欢庆等，2015）是一种广泛使用的传统储层综合评价方法，其方法流程可概括为（针对碎屑岩）：①根据砂体厚度数据和沉积物源绘制砂体厚度等值线图；②根据砂体厚度等值线图、露头剖面、地层剖面对比图、区域地质构造等绘制岩相古地理图；③根据砂体厚度等值线图和孔隙度、渗透率、饱和度等数据绘制孔隙度、渗透率、饱和度平面分布图；④根据砂体厚度等值线图和砂体有效厚度数据绘制砂体有效厚度等值线图；⑤根据孔隙度、渗透率、饱和度等数据绘制储能系数等值线图；⑥综合岩相古地理图、孔隙度、渗透率、饱和度平面分布图、砂体有效厚度等值线图、储能系数等值线图绘制储层综合评价图。

6.1　验证数据的获取与实验的实施

从油田随机获取了拥有二叠系下石盒子组 8 段储层评价基础参数数据的 47 口天然气井（其分布见图 6.1），这些井不在前述拥有储层类别的 321 口井之列，对其由领域专家采用与前述 321 口井相同的标准确定了储层类别。

在 GIS 软件中将 47 口井转换为点要素矢量文件，然后将矢量文件与拥有完整特征的矢量格网图层空间叠加，再从叠加后的属性表中导出拥有储层类别的 47 条记录，删除无关字段后，最终形成 47 个验证储层案例，从而用于储层空间案例推理验证。将含 47 个已知储层案例的 DBF 文件中的空间关系特征删除，即构成了 47 个验证储层数据，从而用于储层人工神经网络评价验证。而确定了储层类别的 47 口井构成的 Excel 文件可直接以新图层的方式加

入 GeoMap 软件中已经采用地质经验法绘制的盒 8 段储层综合评价图中，进行传统储层综合评价方法的验证。

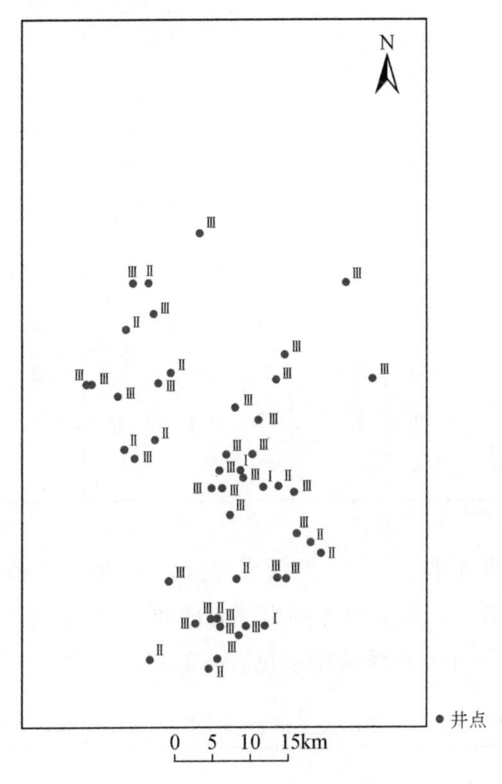

图 6.1　47 口验证钻井空间分布

实验实施时，针对储层空间案例推理模型，由于其 K 近邻系列推理模式目前对 Ⅰ、Ⅱ类储层的评价正确率较低，因此采用储层空间案例推理中的扩展属性相似性与空间相似性联合推理、先属性相似性后空间相似性推理（空间相似性推理阈值依前为 5）两种模式对 47 个待评价储层案例（即验证储层案例）进行推理（储层案例库案例数为 321），得到验证正确率与可分类性数据。其次，采用 BP 人工神经网络对 47 个待评价储层数据（即验证储层数据）进行评价（训练数据为 321 个，采用前述的第二组 BP 神经网络参数，并进行 20 次训练与验证，选择验证结果最高的为最终结果），得到验证正确率与可分类性数据。之后，将 47 口井构成的 Excel 文件直接以新图层的方式加入 GeoMap 软件中由领域专家编制的盒 8 段储层综合评价图层中，统计得到验证正确率与可分类性数据。最终结果详见表 6.1。

表 6.1　47 口井三种方法验证结果正确率与可分类性对比

类别	BP-ANN	储层空间案例推理				地质经验法	备注
		ASR	SSR	ExASSR	FALSSR		
正确数	34	30	33	37	33	15	
正确率	72.34%	63.83%	70.21%	78.72%	70.21%	31.91%	
可分类性对比	Ⅰ：0 Ⅱ：5 Ⅲ：29 Ⅳ：0	Ⅰ：2 Ⅱ：5 Ⅲ：23 Ⅳ：0	Ⅰ：0 Ⅱ：6 Ⅲ：27 Ⅳ：0	Ⅰ：2 Ⅱ：7 Ⅲ：28 Ⅳ：0	Ⅰ：2 Ⅱ：7 Ⅲ：24 Ⅳ：0	Ⅰ：2 Ⅱ：6 Ⅲ：7 Ⅳ：0	训练或案例库数据中4类个数为：Ⅰ：17，Ⅱ：82，Ⅲ：221，Ⅳ：1 验证数据中4类个数为：Ⅰ：3，Ⅱ：12，Ⅲ：32，Ⅳ：0

注：地质经验法不存在训练过程。

而针对上述验证数据，采用分类效果评价指标：Recall、Precision、F-Measure对 BP 人工神经网络、储层空间案例推理和地质经验法的验证结果进行评价，对应的类别混淆矩阵和分类评价结果见表 6.2 ~ 表 6.13。

表 6.2　47 口井 BP 人工神经网络验证结果类别混淆矩阵

I 类		真实类别	
		正类	负类
预测类别	正类	0	0
	负类	3	44
II 类		真实类别	
		正类	负类
预测类别	正类	5	5
	负类	7	30
III 类		真实类别	
		正类	负类
预测类别	正类	29	8
	负类	3	7

表 6.3　47 口井 BP 人工神经网络验证结果分类效果评价

	Recall	Precision	F-Measure（F1）
I 类	0	0	—
II 类	0.4167	0.5000	0.4546
III 类	0.9063	0.7838	0.8406

表 6.4　47 口井储层空间案例推理 ASR 模式验证结果类别混淆矩阵

I 类		真实类别	
		正类	负类
预测类别	正类	2	3
	负类	1	41
II 类		真实类别	
		正类	负类
预测类别	正类	5	6
	负类	7	29
III 类		真实类别	
		正类	负类
预测类别	正类	23	8
	负类	9	7

表 6.5　47 口井储层空间案例推理 ASR 模式验证结果分类效果评价

	Recall	Precision	F-Measure（F1）
I 类	0.6667	0.4000	0.5000
II 类	0.4167	0.4545	0.4348
III 类	0.7188	0.7419	0.7302

表 6.6　47 口井储层空间案例推理 SSR 模式验证结果类别混淆矩阵

I 类		真实类别	
		正类	负类
预测类别	正类	0	3
	负类	3	41

续表

II 类		真实类别	
		正类	负类
预测类别	正类	6	5
	负类	6	30
III 类		真实类别	
		正类	负类
预测类别	正类	27	6
	负类	5	9

表 6.7 47 口井储层空间案例推理 SSR 模式验证结果分类效果评价

	Recall	Precision	F-Measure（F1）
I 类	0	0	—
II 类	0.5000	0.5455	0.5218
III 类	0.8438	0.8182	0.8308

表 6.8 47 口井储层空间案例推理 ExASSR 模式验证结果类别混淆矩阵

I 类		真实类别	
		正类	负类
预测类别	正类	2	1
	负类	1	43
II 类		真实类别	
		正类	负类
预测类别	正类	7	3
	负类	5	32
III 类		真实类别	
		正类	负类
预测类别	正类	28	6
	负类	4	9

表 6.9　47 口井储层空间案例推理 ExASSR 模式验证结果分类效果评价

	Recall	Precision	F-Measure（F1）
I 类	0.6667	0.6667	0.6667
II 类	0.5833	0.7000	0.6363
III 类	0.8750	0.8235	0.8485

表 6.10　47 口井储层空间案例推理 FALSSR 模式验证结果类别混淆矩阵

I 类		真实类别	
		正类	负类
预测类别	正类	2	2
	负类	1	42
II 类		真实类别	
		正类	负类
预测类别	正类	7	6
	负类	5	29
III 类		真实类别	
		正类	负类
预测类别	正类	24	6
	负类	8	9

表 6.11　47 口井储层空间案例推理 FALSSR 模式验证结果分类效果评价

	Recall	Precision	F-Measure（F1）
I 类	0.6667	0.5000	0.5714
II 类	0.5833	0.5385	0.5600
III 类	0.7500	0.8000	0.7742

表 6.12　47 口井地质经验法验证结果类别混淆矩阵

I 类		真实类别	
		正类	负类
预测类别	正类	2	14
	负类	1	30

续表

II 类		真实类别	
		正类	负类
预测类别	正类	6	18
	负类	6	17
III 类		真实类别	
		正类	负类
预测类别	正类	7	0
	负类	25	15

表 6.13 47 口井地质经验法验证结果分类效果评价

	Recall	Precision	F-Measure（F1）
I 类	0.6667	0.1250	0.2105
II 类	0.5000	0.2500	0.3333
III 类	0.2188	1.0000	0.3590

6.2 验证结果对比与分析

通过储层空间案例推理、BP 人工神经网络、地质经验法三种方法对 47 口井的验证（表 6.1），有以下分析和认识。

（1）就整体验证正确率而言，储层空间案例推理中的扩展属性相似性与空间相似性推理正确率相对最高，BP 人工神经网络次之，其次为空间案例推理中的先属性相似性后空间相似性推理，最后为地质经验法。对比之下，初步表明，储层空间案例推理针对储层评价是比较有效的。

（2）就可分类性而言，针对储层重要的 I 、II 两类，储层空间案例推理的两种推理模式验证结果的可分类性整体略高于地质经验法，明显高于 BP 人工神经网络。初步表明，相比地质经验法，储层空间案例推理的这两种推理模式针对储层评价是有优势的（前者须由领域专家完成，后者基本无需领域知识）；相比 BP 人工神经网络，储层空间案例推理的这两种推理模式针对储层评价更具优势。

而进一步通过 BP 人工神经网络、储层空间案例推理 4 种推理模式、地质经验法验证结果的 Recall、Precision、F-Measure 分类效果评价分析（表 6.2 ~

表 6.13），可得出如下结论。

（1）针对储层重要的 I 类类别分类效果而言，储层空间案例推理的属性相似性推理（ASR）、扩展属性相似性与空间相似性联合推理（ExASSR）、先属性相似性后空间相似性推理（FALSSR）3 种推理模式的 Recall、Precision、F-Measure 值皆比 BP 人工神经网络和地质经验法的上述三项指标值高（其中，BP 人工神经网络的三项指标值为 0，地质经验法的 Recall 值与三种推理模式的此项指标值一样），而且扩展属性相似性与空间相似性联合推理三项指标的值相对最高，反映了储层空间案例推理针对 I 类储层类别推理识别是比较有效的，且扩展属性相似性与空间相似性联合推理最为有效。而 BP 人工神经网络的上述三项指标反映了该方法不能在训练数据有限、训练数据类间不平衡时对验证数据中的 I 类储层进行较好的识别。

（2）针对储层重要的 Ⅱ 类类别分类效果而言，储层空间案例推理的空间相似性推理、扩展属性相似性与空间相似性联合推理、先属性相似性后空间相似性推理 3 种推理模式的 Recall、Precision、F-Measure 值皆比 BP 人工神经网络和地质经验法的上述三项指标值高，尤其是扩展属性相似性与空间相似性联合推理对应的三项指标较高，反映了该推理模式在储层空间案例推理时针对 Ⅱ 类储层类别最为有效。而 BP 人工神经网络的上述三项指标反映了该方法在训练数据有限、训练数据类间不平衡时对验证数据中的 Ⅱ 类储层识别的能力相对要弱，而地质经验法整体上对 Ⅱ 类储层识别的能力更弱（综合指标 F-Measure 的值更低）。

（3）而针对储层价值较低的 Ⅲ 类类别分类效果而言，储层空间案例推理的扩展属性相似性与空间相似性联合推理模式的综合指标 F-Measure 比 BP 人工神经网络和地质经验法的此项指标值都高，而属性相似性推理、空间相似性推理、先属性相似性后空间相似性推理 3 种推理模式的 F-Measure 相比 BP 人工神经网络的此项指标而言都比其低，但也相对接近，不过都明显高于地质经验法的此项指标，反映储层空间案例推理针对 Ⅲ 类储层类别是比较有效，相比之下，扩展属性相似性与空间相似性联合推理最具优势。

（4）综合上述针对储层 I 、Ⅱ 、Ⅲ 类类别分类效果的分析，可综合得出：储层空间案例推理中的扩展属性相似性与空间相似性联合推理在针对油气储层进行综合评价时是相对最优的一种推理方法。

6.3　三种方法储层综合评价成图

针对研究区全部待评价数据，将储层空间案例推理的扩展属性相似性与空间相似性联合推理结果、先属性相似性后空间相似性推理结果、储层 BP 人工神经网络评价结果在 GIS 环境中分别与矢量格网图层关联，按储层类别分别着色渲染，并制图输出，即分别得到研究区储层综合评价分类图。而地质经验法对研究区所制之图也在相关软件环境中制图输出。三种方法绘制的研究区天然气储层综合评价图见图 6.2 ～图 6.5。

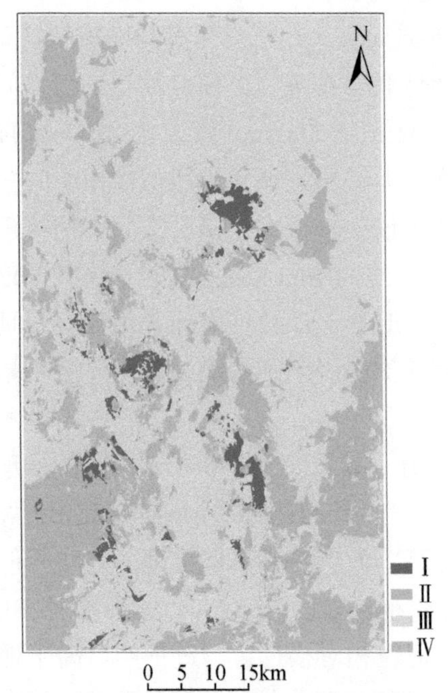

图 6.2　扩展属性相似性与空间相似性联合推理获得的研究区储层综合评价图

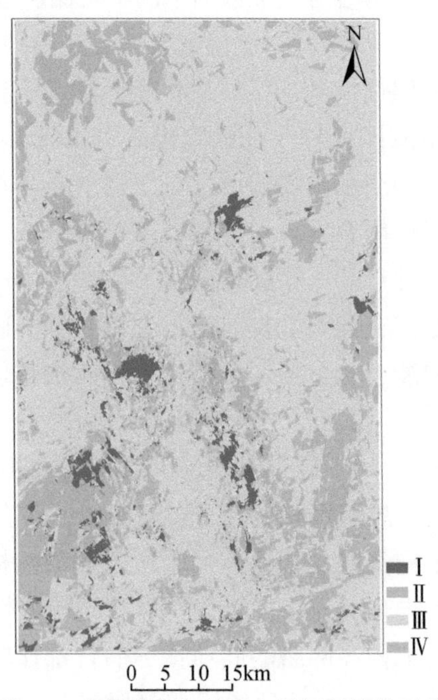

图 6.3　先属性相似性后空间相似性推理获得的研究区储层综合评价图

图 6.4　BP 人工神经网络评价获得的研究区储层综合评价图

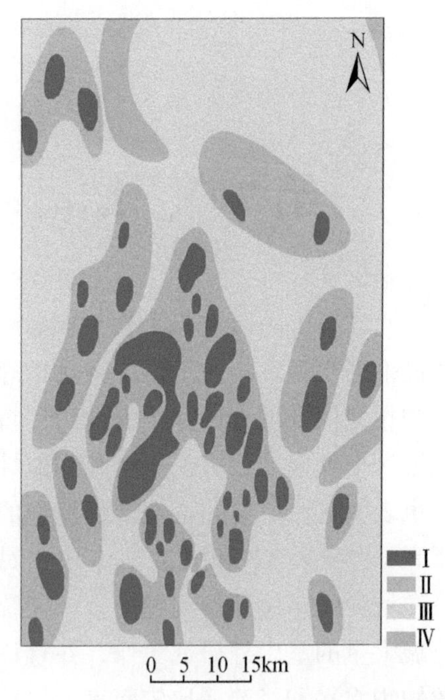

图 6.5　地质经验法获得的研究区储层综合评价图

从图 6.2 ～图 6.5 可以看出，相比地质经验法，BP 人工神经网络实现的分类图可分类性较差，而储层空间案例推理在保证了良好分类性的同时，又避免了地质经验法过度理想的边界，更接近自然情况。

第 7 章　结语：再话定性与定量

通过系统的研究与实验，本书提出了一种面向油气储层综合评价的空间案例推理模型。相比于传统案例推理模型，储层空间案例推理模型在案例表达和相似性推理方面除了考虑属性特征外还充分考虑了空间关系特征，而传统案例推理模型在案例表达和相似性推理方面一般只关注属性特征。实验结果也表明，储层空间案例推理模型的推理精度比传统案例推理模型的推理精度高（详见表 3.3 和图 3.7，其中，属性相似性推理即为传统案例推理）。

就油气储层评价问题而言，传统方法评价时需要综合运用多种专业知识开展大量的室内外研究工作，并且评价结果的好坏较多的依赖领域研究人员的知识水平和经验。比较而言，储层空间案例推理模型仅在确定案例库中历史案例的储层类别时以及属性相似性推理前属性特征权重的重要性排序时需要领域知识，除此之外无需领域知识，而且几乎不需要室外研究工作。

相比于 BP 人工神经网络方法，一方面，储层空间案例推理模型在算法原理、参数设置、推理过程以及结果验证等方面更具简单性、确定性、快速性和有效性；而 BP 人工神经网络方法训练参数的设置和网络训练与验证批次的确定目前依然没有明确的理论指导，只能依据一些经验并进行各种实验尝试，并且其算法数学知识高深，原理复杂。另一方面，在利用新知识以提升评价效果方面，储层空间案例推理模型也明显优于 BP 人工神经网络方法。例如，储层空间案例推理可以直接采用拥有 321 个已知储层案例的案例库对研究区进行储层综合评价，而且评价效果通常优于采用拥有 260 个已知储层案例的案例库推理的结果；而 BP 人工神经网络无法直接采用 321 个已知训练数据直接对研究区进行储层综合评价，因为，没有额外的验证数据对神经网络训练后的泛化能力进行评估。

不过，任何事物、问题或方法都具有两面性，储层空间案例推理模型也具有其局限性。储层空间案例推理模型的核心思想是：相似的问题具有相似的解。事实上，在某些特殊情况下，相似的问题却具有相异的解。改进此问题的一种行之有效的方法是：让案例库中具有不同解决方案的历史案例尽可能均匀分布，其实这也是其他各种模型或方法为提高评价精度或计算结果而尽可能采用的一种优化措施。第二个局限性体现在计算耗时上。储层空间案例推理时，一个新案例将会与案例库中所有历史案例进行相似性测度，如果案例库中历史案例很多时，这一测度过程将非常耗时。在前述的研究区储层综合评价实验中，虽然储层空间案例推理模型不存在训练阶段，但是作为两种较优的推理模式扩展属性相似性与空间相似性联合推理和先属性相似性后空间相似性推理在针对 761425 个新案例推理时分别耗时 8.55 小时和 6.75 小时。对比之下，BP 人工神经网络虽然训练耗时 540 小时，但针对 761425 个未知储层类别的数据计算其储层类别时耗时仅为 1.35 小时（说明：对研究区储层综合评价时，案例库中历史案例数和 BP 人工神经网络训练样本数都是 321 个；先属性相似性后空间相似性推理时空间相似性测度的阈值依然是 5；BP 人工神经网络训练时采用表 4.1 中第二组的参数设置；计算机实验环境为：操作系统：Windows 7 SP1 32 位，CPU：Intel i5 2.53GHz，内存：4GB）。虽然可以通过优化案例库存储组织（如构建索引等）来提高推理效率，但是这种经常性的优化又带来了新的开销。第三个局限性体现在历史案例构建的准则上。针对特定的问题，当构建案例库中每一历史案例时需要采用一致的知识准则，因为，不同的专家对同一问题往往持不同的观点。这无疑对案例库的构建、更新和扩充提出了较高的要求。第四个局限性体现在误差上。从数据采集、整理、插值、空间分析、推理、制图等一系列环节都可能引入误差，并可能存在误差的传递，这最终将影响推理模型的精度和效果。而这一系列误差的度量和减少也是一个难题。

就所提出模型的适用性而言，由于钻井数据、时间所限，开展的验证实验还不多，在缺乏大量验证以及缺乏一定时间实际应用的情况下，目前得出的结论还比较初步。有待今后在不断增加验证实验、开展实际应用的情况下，进一步评估研究提出并确立的面向油气储层综合评价的空间案例推理模型。

最后，本书研究提出了一种定量化的油气储层综合评价模型，而以地质经验法为代表的传统油气储层综合评价方法通常是以定性方式进行储层评价的。传统定性方法的特点前文已述，如果在此放言“定量方法可取代定性方法”，不仅易招批评，而且语焉轻率。不过，本书提出的定量方法作为油气储层综合评价的新尝试或作为传统定性方法的重要补充则是不为过的。

参 考 文 献

陈欢庆，丁超，杜宜静等 . 2015. 储层评价研究进展 . 地质科技情报，34（5）：66 ～ 74

陈建华，何彬彬，崔莹等 . 2012. 面向智能成矿预测的案例推理模型与方法 . 中国矿业大学学报，41（1）：114 ～ 119

邓万友 . 2008. 基于模糊综合评判法的双河油田储层评价 . 大庆石油学院学报，32（1）：18 ～ 20

窦杰，钱峻屏，陈水森等 . 2010. 基于对象的遥感案例推理方法检测岩溶地面塌陷 . 中国图象图形学报，15（6）：900 ～ 909

杜云艳，苏奋振，仉天宇等 . 2005. 基于案例推理的海洋涡旋特征信息空间相似性研究 . 热带海洋学报，24（3）：1 ～ 9

杜云艳，王丽敬，季民等 . 2009a. 土地利用变化预测的案例推理方法 . 地理学报，64（12）：1421 ～ 1429

杜云艳，温伟，曹锋 . 2009b. 空间数据挖掘的地理案例推理方法及试验 . 地理研究，28（5）：1285 ～ 1296

杜云艳，周成虎，邵全琴等 . 2002a. 地理案例推理及其应用 . 地理学报，57（2）：151 ～ 158

杜云艳，周成虎，邵全琴等 . 2002b. 案例推理的地学应用背景和方法 . 地球信息科学，（1）：98 ～ 103

杜云艳，周成虎，苏奋振等 . 2003. 案例推理的地学推理模式研究 . 模式识别与人工智能，16（1）：91 ～ 96

郭少斌，朱建伟，陶青龙 . 1994. 应用模糊判别法预测延吉盆地含油气有利勘探区 . 长春地质学院学报，24（3）：321 ～ 326

何彬彬，陈翠华，陈建华 . 2014. 多源地质空间数据智能处理与区域成矿预测 . 北京：科学出版社

黎夏，叶嘉安，廖其芳 . 2004. 利用案例推理（CBR）方法对雷达图像进行土地利用分类 . 遥感学报，8（3）：246 ～ 253

刘爱利，王培法，丁园圆 . 2012. 地统计学概论 . 北京：科学出版社

刘世翔 . 2008. 基于 GIS 与含油气系统的油气资源评价方法研究 . 长春：吉林大学博士研究生学位论文

刘学锋 . 2004. GIS 辅助油气勘探决策支持研究 . 武汉：武汉大学博士研究生学位论文

刘颖超，张纪元 . 1993. 梯度下降法 . 南京理工大学学报（自然科学版），（2）：12 ～ 16

吕威，倪玉华 . 2010. 基于等距加密和案例推理的旅游线路聚类算法 . 计算机工程与应用，46（11）：223 ～ 225

钱峻屏，黎夏，艾彬等 . 2007. 时间序列案例推理检测土地利用短期快速变化 . 自然资源学报，22（5）：735 ～ 746

裘亦楠，薛叔浩 . 1997. 油气储层评价技术 . 北京：石油工业出版社

施冬，陈军，朱庆 . 2004. 基于 GIS 的油气储层综合评价方法研究 . 武汉大学学报（信息科学版），29（7）：592 ～ 596

施冬，张春生，许静 . 2009. 储层非均质性灰色综合 GIS 评价研究 . 物探化探计算技术，31（1）：48 ～ 52

宋子齐，杨立雷，王宏等 . 2007. 灰色系统储层流动单元综合评价方法 . 大庆石油地质与开发，26（3）：76 ～ 87

王瑞飞，王永宏，王永平等 . 2003. 灰色理论在辽河油田滩海地区储层评价中的应用 . 西安石油学院学报（自然科学版），18（6）：35 ～ 38

温伟，杜云艳，王春晓 . 2009. 珠江口土地利用变化推测的 CBR 方法 . 山东科技大学学报（自然科学版），28（3）：91 ～ 98

吴泉源，刘江宁 . 1995. 人工智能与专家系统 . 北京：国防科技大学出版社

郄瑞卿，薛林福，王满等 . 2009. SOFM 储层综合评价方法及其在延吉盆地的应用 . 吉林大学学报（地球科学版），39（1）：168 ～ 174

徐英卓 . 2005. 基于实例推理的储集层评价智能系统 . 计算机工程与应用，（6）：225 ～ 228

叶嘉安，施迅 . 2001. 基于案例的推理和 GIS 相集成的技术在规划申请审批中的应用 . 城市规划汇刊，（3）：34 ～ 41

周志华 .2016. 机器学习 . 北京：清华大学出版社

Aamodt A，Plaza E. 1994. Case-based reasoning：foundational issues，methodological variations，and system approaches. Artificial Intelligence Communications，7（1）：39 ～ 59

Ahmadi M A. 2015. Connectionist approach estimates gas-oil relative permeability in petroleum reservoirs：application to reservoir simulation. Fuel，140（1）：429 ～ 439

Ahmadi M A，Saemi M，Asghari K. 2008. Estimation of the reservoir permeability by petrophysical information using intelligent systems. Petroleum Science and Technology，26（14）：1656 ～ 1667

Bajo J，De Paz J F，Rodríguez S，*et al*. 2010. Multi-agent system to monitor oceanic environments. Integrated Computer-Aided Engineering，17（2）：131 ～ 144

Baruque B，Corchado E，Mata A，*et al*. 2010. A forecasting solution to the oil spill problem based on a hybrid intelligent system. Information Sciences，180（10）：2029 ~ 2043

Bhushan V，Hopkinson S C. 2002. A novel approach to identify reservoir analogues. In：Proceedings of the European Petroleum Conference，Aberdeen，United Kingdom，435 ~ 440

Brown A R. 2011. Interpretation of three-dimensional seismic data，seventh edition. Tulsa：American Association of Petroleum Geologists，Society of Exploration Geophysicists

Chazara P，Negny S，Montastruc L. 2016. Flexible knowledge representation and new similarity measure：Application on case based reasoning for waste treatment. Expert Systems with Applications，（58）：143 ~ 154

Chen J，He B，Cui Y，*et al*. 2010. Case-based reasoning and GIS approach to regional metallogenic prediction. In：Proceedings of 18th International Conference on Geoinformatics，Beijing，China，1 ~ 4

Cressie N. 1993. Statistics for spatial data. New York：Wiley Interscience

Elshafei M，Hamada G M. 2009. Neural network identification of hydrocarbon potential of shaly sand reservoirs. Petroleum Science and Technology，27（1）：72 ~ 82

Florentino F R，Corchado J M. 2003. CBR based system for forecasting red tides. Knowledge-Based Systems，16（5-6 SPEC）：321 ~ 328

Gonzalez R，Schepers K，Reeves S R，*et al*. 2008. Clustering/geostatistical/evolutionary approach for 3D reservoir characterization and assisted history matching in a complex carbonate reservoir. Journal of Petroleum Technology，60（7）：60 ~ 63

Haykin S. 1998. Neural Networks：A Comprehensive Foundation（2nd Edition）. New Jersey：Prentice Hall

He B，Chen J，Cui Y，*et al*. 2012. Mineral prospectivity mapping method integrating multi-sources geology spatial data sets and case-based reasoning. Journal of Geographic Information System，4（2）：77 ~ 85

Holt A，Benwell G L. 1999. Applying case-based reasoning techniques in GIS. International Journal of Geographical Information Science，13（1）：9 ~ 25

Jones E K，Roydhouse A. 1993. Spatial representations of meteorological data for intelligent retrieval. In：Proceedings of the 5th Annual Colloquium of the Spatial Research Centre，Dunedin，New Zealand，45 ~ 58

Kaur S，Kundra S. 2015. Ground water estimation using hybrid case based reasoning and ant colony optimization. International Journal of Advances in Science and Technology，3（3）：75 ~ 83

Keller S F. 1994. On the use of case-based reasoning in generalization. In：Proceedings of the 6th International Symposium on Spatial Data Handling，London，United Kingdom，1118 ～ 1132

Kirillov A. 2013. AForge. NET. http：//www. aforgenet. com，2015-04-01

Kolodner J. 1993. Case-based reasoning. San Mateo：Morgan Kaufmann

Lee M，Koo C，Hong T，*et al*. 2014. Framework for the mapping of the monthly average daily solar radiation using an advanced case-based reasoning and a geostatistical technique. Environmental Science and Technology，48（8）：4604 ～ 4612

Li X，Liu X. 2006. An extended cellular automaton using case-based reasoning for simulating urban development in a large complex region. International Journal of Geographical Information Science，20（10）：1109 ～ 1136

Liu H，Feng B，Xia K，*et al*. 2006. Seismic reservoir oil-gas prediction study based on rough set and RBF network. In：Proceedings of the World Congress on Intelligent Control and Automation，Dalian，China，4229 ～ 4233

Liu J N K，Shiu S C K，You J. 2009. Tropical cyclone forecaster integrated with case-based reasoning. Lecture Notes in Electrical Engineering，28（2）：235 ～ 241

Liu X，Ma L，Li X，*et al*. 2014. Simulating urban growth by integrating landscape expansion index（LEI）and cellular automata. International Journal of Geographical Information Science，28（1）：148 ～ 163

Mata A，Corchado J M. 2009. Forecasting the probability of finding oil slicks using a CBR system. Expert Systems with Applications，36（4）：8239 ～ 8246

Mota J S，Camara G，Escada M I，*et al*. 2009. Case-based reasoning for eliciting the evolution of geospatial objects. Lecture Notes in Computer Science，（5756 LNCS）：405 ～ 420

Naseri A，Khishvand M，Sheikhloo A A. 2014. A correlations approach for prediction of PVT properties of reservoir oils. Petroleum Science and Technology，32（17）：2123 ～ 2136

Rumelhart D E，Hinton G E，Williams R J. 1986. Learning representations by back-propagating errors. Nature，323（9）：533 ～ 536

Saaty T L. 1977. A scaling method for priorities in hierarchical structures. Journal of Mathematical Psychology，（15）：59 ～ 62

Schank R C，Abelson R P. 1977. Scripts，Plans，Goals，and Understanding：An Inquiry into Human Knowledge Structures. Oxford：Lawrence Erlbaum

Schrader S M，Balch R S，Ruan T. 2009. The fuzzy expert exploration tool for the Delaware Basin：development，testing and applications. Expert Systems with Applications，36（3）：6859 ～ 6865

Shi X，Zhu A，Burt J E，*et al.* 2004. A case-based reasoning approach to fuzzy soil mapping. Soil Science Society of America Journal，68（3）：885～894

Shokouhi S V，Aamodt A，Skalle P. 2010. A semi-automatic method for case acquisition in CBR a study in oil well drilling. In：Proceedings of the 10th IASTED International Conference on Artificial Intelligence and Applications，Innsbruck，Austria，263～270

Shokouhi S V，Skalle P，Aamodt A. 2014. An overview of case-based reasoning applications in drilling engineering. Artificial Intelligence Review，41（3）：317～329

Sneider R，Massell W，Mathis R，*et al.* 1991. The integration of geology，geophysics，petrophysics and petroleum engineering in reservoir delineation，description and management. Tulsa：American Association of Petroleum Geologists

Snyman J A. 2005. Practical Mathematical Optimization：An Introduction to Basic Optimization Theory and Classical and New Gradient-Based Algorithms. New York：Springer

Taheri S R. 2008. Remote sensing，fuzzy logic and GIS in petroleum exploration. In：Proceedings of SPE Annual Technical Conference and Exhibition，Denver，United states，5019～5020

Tamaki M，Suzuki K，Fujii T，*et al.*. 2016. Prediction and validation of gas hydrate saturation distribution in the eastern Nankai Trough，Japan：Geostatistical approach integrating well-log and 3D seismic data. Interpretation，4（1）：SA83～SA94

Wang B，Wang X，Chen Z. 2013. A hybrid framework for reservoir characterization using fuzzy ranking and an artificial neural network. Computers & Geosciences，57（8）：1～10

Watson I，Marir F. 1994. Case-based reasoning：a review. The Knowledge Engineering Review，9（4）：327～354

Wu L，Li A，Dai Y，*et al.* 2008. Study on oil-gas reservoir rule extraction and automatic identification based on rough set. In：Proceedings of SPIE—The International Society for Optical Engineering，Wuhan，China，728547

Zoveidavianpoor M，Samsuri A，Shadizadeh S R. 2013. Adaptive neuro fuzzy inference system for compressional wave velocity prediction in a carbonate reservoir. Journal of Applied Geophysics，89（2）：96～107

附录　储层综合评价系统设计与实现

A.1　系统需求规定

为了顺利开展实验，储层综合评价系统完全实现了储层空间案例推理模型的 12 种推理模式，实现了储层 BP 人工神经网络方法，并实现了评价结果验证功能。另外，也实现了储层遗传人工神经网络方法和储层多项逻辑斯谛回归方法，这两种方法虽然评价结果不理想，未包括在本书正文中，但作为对比方法，对其进行研究也是必要的。

A.2　系统开发与运行环境

系统开发与运行环境见附表 1。

附表 1　系统开发与运行环境

	开发环境	运行环境
操作系统	Windows XP SP3	Windows XP、Windows 7、Windows 10
开发工具	Visual Studio 2010	
开发语言	C#	
.NET 类库	4.0	4.0 或以上版本

A.3　系 统 结 构

系统功能结构构成见附图 1。

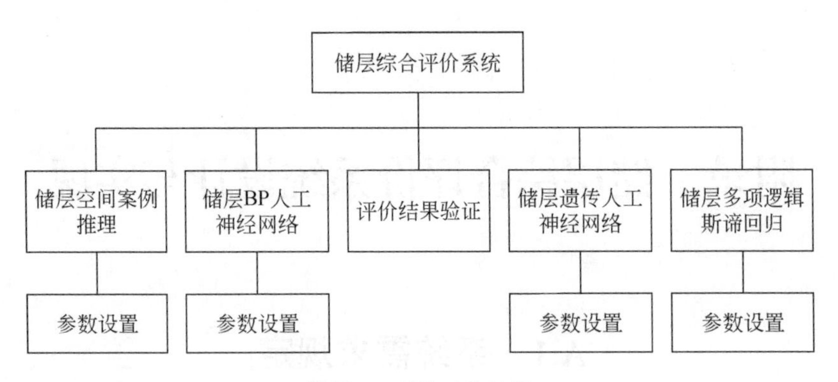

附图 1　系统功能结构

储层综合评价系统功能构成包括：储层空间案例推理、储层 BP 人工神经网络、储层遗传人工神经网络、储层多项逻辑斯谛回归、评价结果验证等，每一模型或方法又包含参数设置等子功能。

A.4　系统设计要点

系统采用面向对象的思想设计并采用 C# 语言开发实现，各模型或方法对应的功能相互独立，公共模块为各功能共用，既便于代码复用，又利于系统扩展。系统功能界面简洁直观，以引导方式完成人机交互。各主要功能界面可同时运行，方便多任务开展实验工作。

A.5　系统主要功能模块的实现

系统主要功能模块实现界面见附图 2 ~ 附图 7。详细实现及运行界面参阅随书附带的系统可执行程序、源代码等资料。

附图 2　储层综合评价系统主界面

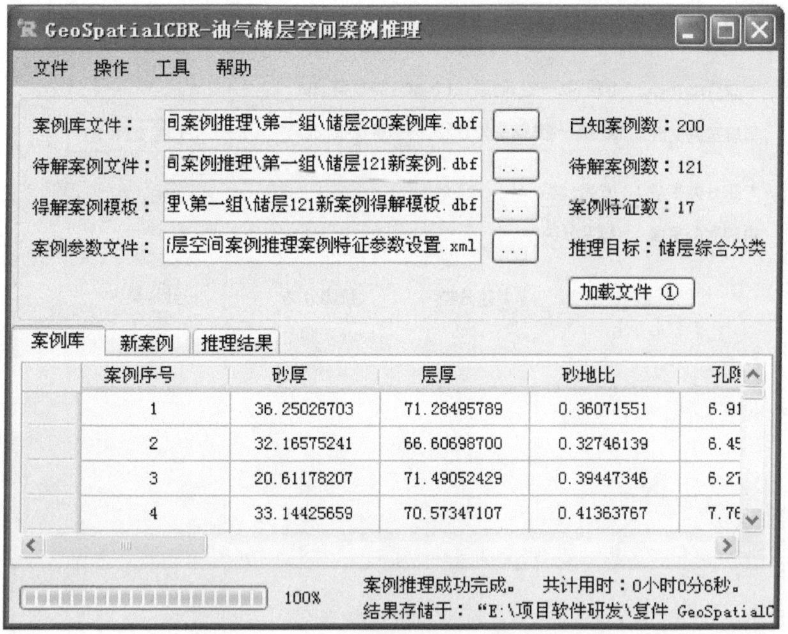

GeoSpatialCBR-油气储层空间案例推理

文件 操作 工具 帮助

案例库文件： 间案例推理\第一組\储层200案例库. dbf ...
已知案例数：200

待解案例文件： 间案例推理\第一組\储层121新案例. dbf ...
待解案例数：121

得解案例模板： 理\第一組\储层121新案例得解模板. dbf ...
案例特征数：17

案例参数文件： 层空间案例推理案例特征参数设置. xml ...
推理目标：储层综合分类

加载文件 ①

案例库 新案例 推理结果

案例序号	砂厚	层厚	砂地比	孔隙
1	36.25026703	71.28495789	0.36071551	6.91
2	32.16575241	66.60698700	0.32746139	6.45
3	20.61178207	71.49052429	0.39447346	6.27
4	33.14425659	70.57347107	0.41363767	7.76

100%
案例推理成功完成。 共计用时：0小时0分6秒。
结果存储于："E:\项目软件研发\复件 GeoSpatialC

附图 3 储层空间案例推理功能主界面

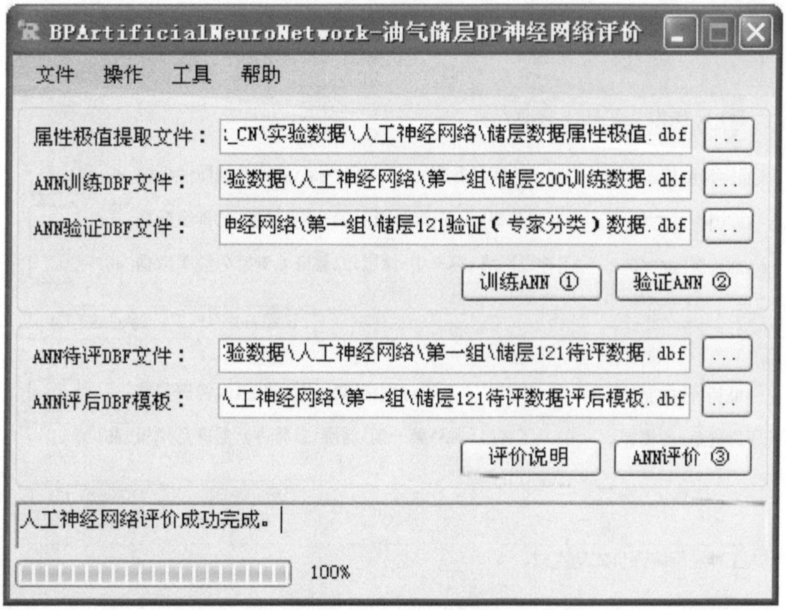

BPArtificialNeuroNetwork-油气储层BP神经网络评价

文件 操作 工具 帮助

属性极值提取文件： _CN\实验数据\人工神经网络\储层数据属性极值. dbf ...

ANN训练DBF文件： 验数据\人工神经网络\第一組\储层200训练数据. dbf ...

ANN验证DBF文件： 申经网络\第一組\储层121验证（专家分类）数据. dbf ...

训练ANN ① 验证ANN ②

ANN待评DBF文件： 验数据\人工神经网络\第一組\储层121待评数据. dbf ...

ANN评后DBF模板： 人工神经网络\第一組\储层121待评数据评后模板. dbf ...

评价说明 ANN评价 ③

人工神经网络评价成功完成。

100%

附图 4 储层 BP 人工神经网络功能主界面

预测结果验证
专家分类文件：
推理\第一組\储层121专家分类数据.dbf
得解案例文件：
理\第一組\储层121新案例得解模板.dbf
加载文件 ①
专家分类字段：
专家分类
得解案例字段：
综合分类
结果验证 ②
编号 专家分类 预测分类 一致结果
0 2 3
1 2 2 2
2 2 3
3 3 3 3
4 3 3 3
5 3 3 3
6 3 3 3
7 3 3 3
8 3 3 3
9 3 1
总数：121
正确：77（2类：12，3类：65）
正确率：63.64%

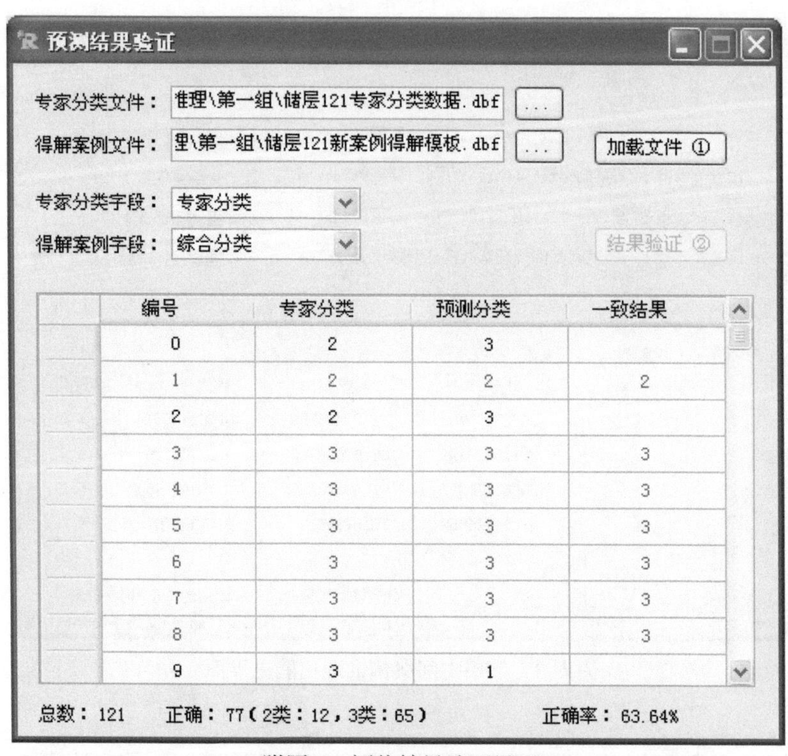

附图 5　评价结果验证界面

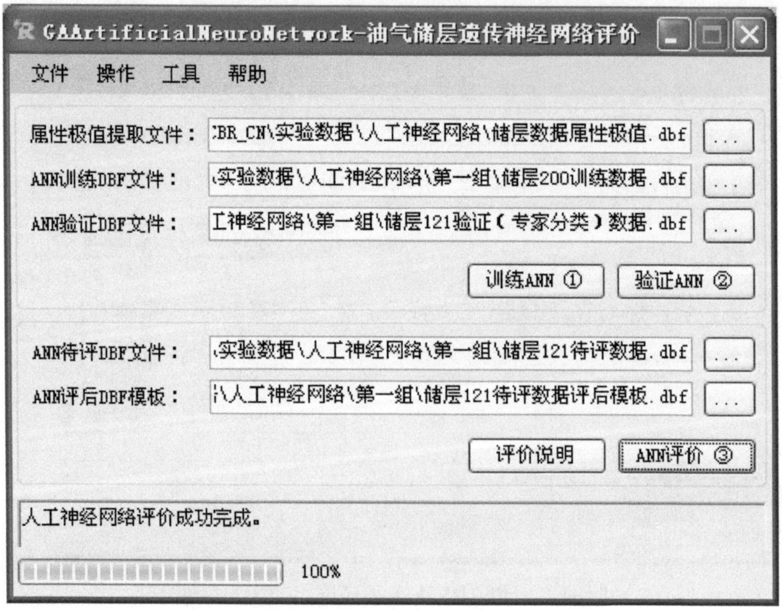

GAArtificialNeuroNetwork-油气储层遗传神经网络评价
文件 操作 工具 帮助
属性极值提取文件：
CBR_CN\实验数据\人工神经网络\储层数据属性极值.dbf
ANN训练DBF文件：
实验数据\人工神经网络\第一組\储层200训练数据.dbf
ANN验证DBF文件：
工神经网络\第一組\储层121验证（专家分类）数据.dbf
训练ANN ①
验证ANN ②
ANN待评DBF文件：
实验数据\人工神经网络\第一組\储层121待评数据.dbf
ANN评后DBF模板：
\人工神经网络\第一組\储层121待评数据评后模板.dbf
评价说明
ANN评价 ③
人工神经网络评价成功完成。
100%

附图 6　储层遗传人工神经网络功能主界面

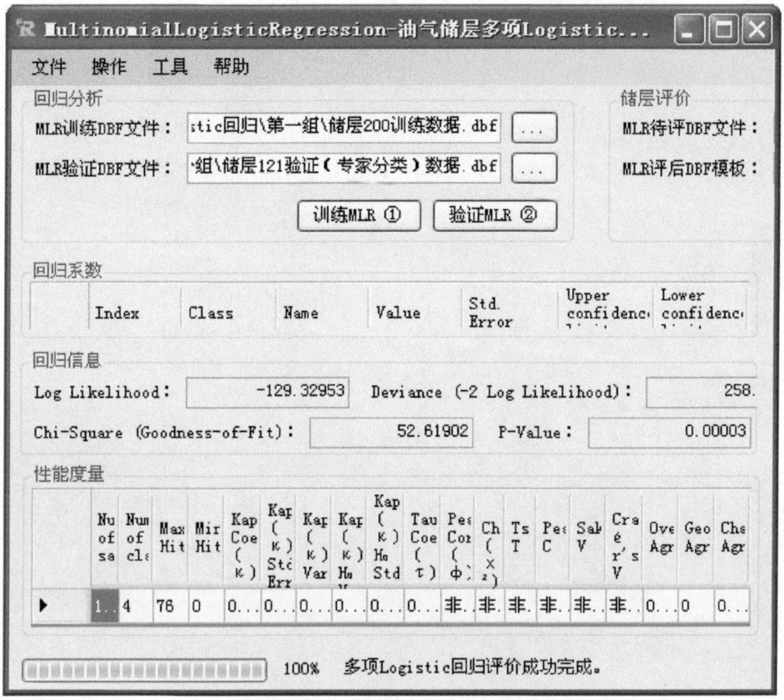

附图 7　储层多项逻辑斯谛回归功能主界面

A.6　系统源代码开源说明

储层综合评价系统完整的源代码、可执行程序、实验数据等随书一起向读者提供。这些资料仅限于学习和研究使用，不可直接用于商业目的（软件已登记软件著作权，登记号：2015SR059530）。如需商业使用（含对源代码的修改量小于 50% 而用于商业目的），请与作者联系，经作者书面许可之后方可使用。